图书在版编目（CIP）数据

数字记忆：珠海市历史建筑数字化保护理论与实践 /
庞前聪等编著. —北京：中国建筑工业出版社，
2021.10
ISBN 978-7-112-26663-0

Ⅰ.①数… Ⅱ.①庞… Ⅲ.①数字技术—应用—古建
筑—保护—研究—珠海 Ⅳ.①TU-87

中国版本图书馆CIP数据核字（2021）第197466号

本书分上下篇，上篇介绍历史建筑数字化保护体系，分为概述、历史建筑档案建
设、珠海实践三部分，下篇案例应用，分为珠海历史建筑概况、明清时期的历史建筑、
中华民国时期的历史建筑、中华人民共和国成立后的历史建筑四部分。
本书通过对珠海历史建筑测绘建档成果的汇编工作，展示珠海市优秀历史文化遗
产，为珠海历史建筑的科普教育、学术研究等领域提供基础资料，加深群众对历史建筑
的了解，助力珠海历史文化遗产保护事业的发展。

责任编辑：于　莉
文字编辑：张　杭
书籍设计：锋尚设计
责任校对：焦　乐

数字记忆——珠海市历史建筑数字化保护理论与实践
庞前聪　王一波　江文亚　张智敏　黄巧云　编著
*
中国建筑工业出版社出版、发行（北京海淀三里河路9号）
各地新华书店、建筑书店经销
北京锋尚制版有限公司制版
天津图文方嘉印刷有限公司印刷
*
开本：889毫米×1194毫米　1/20　印张：12⅗　字数：262千字
2021年8月第一版　　2021年8月第一次印刷
定价：**149.00**元
ISBN 978-7-112-26663-0
（37913）

前言

历史建筑作为历史文化的重要载体，它的保护和利用是历史文化遗产保护事业的重要环节，也是目前城市管理的重要命题之一。自2015年起，珠海市自然资源局系统开展历史建筑数字化保护工作，提出了"四个一"保护模式，创新引入三维激光扫描、无人机倾斜摄影、超高精度扫描等先进技术手段，对历史建筑现状信息进行全面采集，并完成三维点云模型、测绘图、精细化建模和三维展示等工作，把历史建筑数字档案从二维拓展到三维，为历史建筑的活化利用、修缮维护、考古研究、科普教育等提供了详实的数据支撑与技术手段。

珠海市历史建筑数字化保护工作是数字化前沿技术与历史文化遗产保护管理结合的一次具有积极意义的实践。本书以珠海历史建筑数字化测绘建档工作为契机，收录珠海市历史建筑数字化保护工作的各项重要成果，从保护工作框架、数字化技术方案、数字档案成果等方面，向公众汇报近年来珠海市历史文化遗产保护事业取得的成绩。

同时，本书通过对珠海历史建筑测绘建档成果的汇编工作，展示珠海市优秀历史文化遗产，为珠海历史建筑的科普教育、学术研究等领域提供基础资料，加深群众对历史建筑的了解，助力珠海历史文化保护事业的发展。

目录 前言

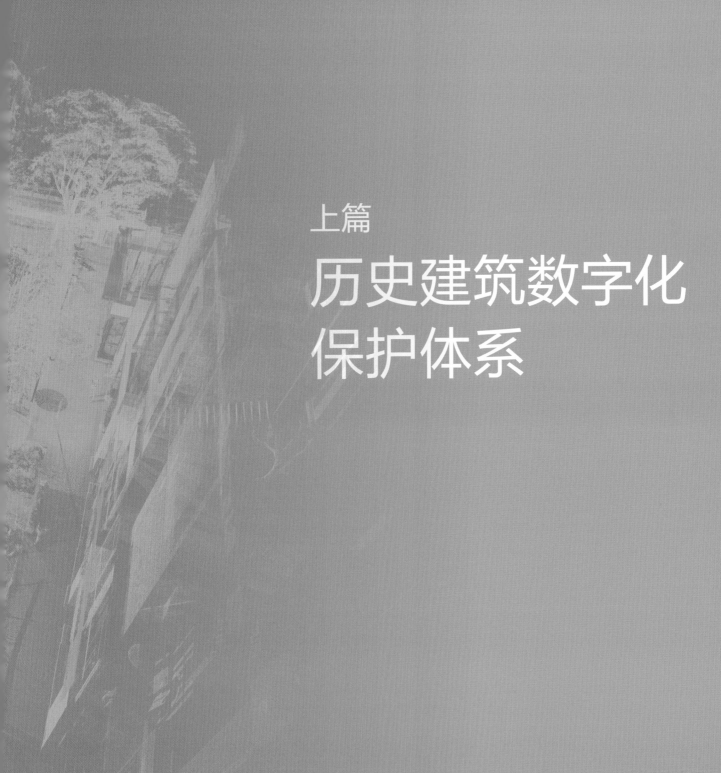

上篇

历史建筑数字化保护体系

第1章

概述

1.1.1　历史建筑

　　历史建筑是不可再生的宝贵文化资源和历史传承的重要载体。从2008年开始，国内的"历史建筑"成为一个法定概念。根据2008年7月1日起施行的《历史文化名城名镇名村保护条例》❶，对历史建筑的定义如下：

　　历史建筑，是指经城市、县人民政府确定公布的具有一定保护价值，能够反映历史风貌和地方特色，未公布为文物保护单位，也未登记为不可移动文物的建筑物、构筑物。

　　这一条款将"历史建筑"限定于非文物建筑的范畴，而不是习惯上指包含具有保护价值的建筑遗产。这样，虽然在语义上，国际通用的"Historic Building"不再对应国内法律语境的"历史建筑"，但应对国内的历史文化遗产保护的现实情况和社会治理制度框架，将"历史建筑"的概念独立出来，也带来了如下的积极影响：

　　（1）扩展了的实质保护对象的范围，将原有少量的、点状分布的文物建筑的保护，扩大为较为大量的具有保护价值、但不足以成为文物的建筑遗产，更有助于保护历史地段整体的历史风貌；

　　（2）明晰了历史建筑的管理是由地方政府出台各项管理条例、办法、意见；历史建筑的认定、评价、管理和保护，是由地方政府主导的；历史建筑的评价和保护标准，并不是全国划一，而保留了各地方自身的历史文化特色；

　　（3）明晰了历史建筑的管理主体，并非各地的文化部门，而是城乡规划主管部门或

---

❶《历史文化名城名镇名村保护条例》自2008年7月1日施行，2017年10月7日中华人民共和国国务院令第687号公布《国务院关于修改部分行政法规的决定》予以修订。

建设主管部门。

历史建筑与文物建筑均为法定的保护建筑，根据文物建筑与历史建筑的定义，可以清楚地区分文物建筑与历史建筑两个法定概念，二者的主要区别在于：

第一，价值判断不同。历史建筑的认定主要关注建筑的风貌与建成景观价值，强调其作为地方特色的重要构成要素，而文物建筑的认定则要求建筑在历史、艺术、科学等方面具有更突出的价值。

第二，主管部门不同。历史建筑保护管理具体工作由各地方人民政府指定的历史建筑主管部门实施。文物建筑保护管理工具工作由文物主管部门实施。

第三，保护力度不同。历史建筑作为地方风貌的重要组成，数量庞大，其保护与三旧改造、城市更新息息相关，各地根据自身城市发展水平制定因地制宜的保护办法，对历史建筑的保护力度各有不同。文物建筑保护的最高依据为全国人大颁布的《文物保护法》，全国统一。

1.1.2　历史建筑的确定标准

根据历史建筑的定义，住房和城乡建设部给出历史建筑确定标准（参考）❶如下：

具备下列条件之一，未公布为文物保护单位，也未登记为不可移动文物的建筑物、构筑物等，经城市、县人民政府确定公布，可以确定为历史建筑：

（一）具有突出的历史文化价值：

　　1．与重要历史事件、历史名人相关联；

　　2．在城市发展与建设史上具有代表性；

　　3．在某一行业发展史上具有代表性；

　　4．具有纪念、教育等历史文化意义。

（二）具有较高的建筑艺术价值：

----

❶ 住房城乡建设部办公厅关于印发《历史文化街区划定和历史建筑确定工作方案》的通知（建办规函 [2016] 681号 ）

1．反映一定时期的建筑设计风格，具有典型性；

2．建筑样式与细部等具有一定的艺术特色和价值；

3．反映所在地域或民族的建筑艺术特点；

4．在城市或乡村一定地域内具有标志性或象征性，具有群体心理认同感；

5．著名建筑师的代表作品。

（三）体现一定的科学技术价值：

1．建筑材料、结构、施工技术反映当时的建筑工程技术和科技水平；

2．建筑形体组合或空间布局在一定时期具有先进性。

（四）具有其他价值特色的建筑。

由上文可知，历史建筑的确定主要考虑以下三个方面的价值要素：历史文化价值、建筑艺术价值、科学价值。由于历史风貌和地方特色的价值认定具有强烈的地方性，各地对历史建筑的价值认定标准各不相同。

1.1.3　历史建筑的保护

2008年，国务院颁布《历史文化名城名镇名村保护条例》，成为历史建筑保护的重要依据，其中列明历史建筑的保护措施如下：

第三十二条　城市、县人民政府应当对历史建筑设置保护标志，建立历史建筑档案。历史建筑档案应当包括下列内容：

（一）建筑艺术特征、历史特征、建设年代及稀有程度；

（二）建筑的有关技术资料；

（三）建筑的使用现状和权属变化情况；

（四）建筑的修缮、装饰装修过程中形成的文字、图纸、图片、影像等资料；

（五）建筑的测绘信息记录和相关资料。

第三十三条　历史建筑的所有权人应当按照保护规划的要求，负责历史建筑的维护和修缮。县级以上地方人民政府可以从保护资金中对历史建筑的维护和修缮给予补助。

历史建筑有损毁危险，所有权人不具备维护和修缮能力的，当地人民政府应当采取措施进行保护。任何单位或者个人不得损坏或者擅自迁移、拆除历史建筑。

第三十四条　建设工程选址，应当尽可能避开历史建筑；因特殊情况不能避开的，应当尽可能实施原址保护。对历史建筑实施原址保护的，建设单位应当事先确定保护措施，报城市、县人民政府城乡规划主管部门会同同级文物主管部门批准。因公共利益需要进行建设活动，对历史建筑无法实施原址保护、必须迁移异地保护或者拆除的，应当由城市、县人民政府城乡规划主管部门会同同级文物主管部门，报省、自治区、直辖市人民政府确定的保护主管部门会同同级文物主管部门批准。本条规定的历史建筑原址保护、迁移、拆除所需费用，由建设单位列入建设工程预算。

第三十五条　对历史建筑进行外部修缮装饰、添加设施以及改变历史建筑的结构或者使用性质的，应当经城市、县人民政府城乡规划主管部门会同同级文物主管部门批准，并依照有关法律、法规的规定办理相关手续。

由以上的"保护条例"引文可知，历史建筑的保护主要有以下方面：第一，历史建筑档案建设是最基本的要求；第二，历史建筑需要适当的维护与修缮，不得损坏或擅自迁移、拆除；第三，历史建筑的保护与文物相比较为宽松，允许合理变更，鼓励活化利用。

历史建筑的保护管理工作涉及遗产保护、规划管理、文化旅游等多个领域，各地通过地方人民政府颁布的历史建筑相关法规来明确历史建筑保护与管理的权责。全国各地的历史建筑主管部门各不相同，地方人民政府负责历史建筑名录的公布与跨部门工作的牵头协调，历史建筑主管部门负责历史建筑的规划管理、建设管理、普查建档、挂牌宣传等具体管理工作，历史建筑所在地的村委、居委则负责历史建筑的日常巡查，历史建筑的所有权人与实际使用人负责历史建筑的日常维护保养，多方协作，共同落实历史建筑的保护工作。

1.1.4　历史建筑的档案建设

历史建筑档案不仅作为历史建筑的现状记录，更为历史建筑维护修缮与更新活化等后续保护工作提供不可或缺的信息，建档工作的重要性可见一斑。此外，随着城市更新的不断推进，越来越多的旧城区、旧村镇面临拆改建，历史建筑保护的形势越加严峻，建档工作的紧迫性不容忽视，在面对偶发的人为或自然破坏时，详细的历史建筑档案对历史建筑保护修复工作的作用显得尤为重要。

历史建筑的档案建设是历史建筑保护的基础工作，由各地的历史建筑主管部门负责开展。2016年，住房和城乡建设部在全国启动历史建筑与历史街区确定五年计划，当时并未给出有关历史建筑档案建设的具体要求，各城市多以《历史文化名城名镇名村保护条例》第二十三条为标准，并参考文物"四有"档案条目，自行规定本地区的历史建筑档案建设内容。至2019年，住房和城乡建设部印发《关于请报送历史建筑测绘建档三年行动计划和规范历史建筑测绘建档成果要求的函》（建科保函〔2019〕202号），其中给出了历史建筑档案的参考形式，具体内容包括基本档案表格、测绘图纸档案与影像档案三个部分：历史建筑的基本档案表格内容包括历史建筑的基础信息、核心保护信息、现状信息与使用信息四大项共22小项；测绘图纸档案包括历史建筑总平面、平面、立面、剖面现状测绘图与典型构件大样图等；影像档案包括主要立面、次要立面、建筑内部与价值要素部位的现状照片。

1.2
国外建筑遗产的保护与档案建设

1931年，第一届历史性纪念物建筑师及技师国际会议❶在雅典召开，会上通过了七项决议，即《关于历史纪念物修复的雅典宪章》❷，后世称为"修复宪章"（Carta del

---

❶ 又称雅典会议。历史性纪念物建筑师及技师国际协会（ICOM）是国际古迹遗址理事会（ICOMOS）的前身。
❷ 译者：吴黎梅、张松.《理想空间》第15期. 上海：同济大学出版社. 2006。

Restauro），是关于文化遗产保护的第一份重要国际文献。

1. 创立纪念物保护修复方面运作和咨询的国际组织；2. 计划修复的项目应接受有见地的考评，以避免出现有损建筑特性和历史价值的错误；3. 所有国家都要通过国家立法来解决历史古迹的保存问题；4. 已发掘的遗址若不是立即修复的话应回填以利用于保护；5. 在修复工程中允许采用现代技术和材料；6. 考古遗址将实行严格的"监护式"保护（custodial protection）；7. 应注意对历史古迹周边地区的保护。

——《关于历史纪念物修复的雅典宪章》

雅典会议从普遍原理、行政和立法措施、文物环境的保护、文物修复、文物防护、保护技术、国际协作等方面对文物古迹的保护展开讨论并给出相关建议，为现代意义的历史文化遗产保护工作打下基础。

1964年5月，第二届历史性纪念物建筑师及技师国际会议在威尼斯召开，会上通过了《关于古迹遗址保护与修复的国际宪章》，又称"威尼斯宪章"。"威尼斯宪章"内容共计16条，包括定义、宗旨、保护、修复、发掘、出版共6章，其中首次提出对文物古迹的保护、修复、发掘等工作进行建档记录的建议，第一次明确了遗产建档工作的重要性。

一切保护、修复或发掘工作永远应有用配以插图和照片的分析及评估报告这一形式所做的准确的记录。清理、加固、重新整理与组合的每一阶段，以及工作过程中所确认的技术及形态特征均应包括在内。这一记录应存放于一公共机构的档案馆内，使研究人员都能查到。该记录应建议出版。

——《威尼斯宪章·第十六条 出版》

2001年，联合国教科文组织在越南会安举办关于建立和颁布亚洲最佳保护范例的区域性标准的研讨会，会上就亚洲遗产地的保护、修复、重建及后续维护等议题进行了深入研讨。2005年12月30日，联合国教科文组织以会安研讨会为基础，拟定并通过了《会安草案》，从理论和实践层面为亚洲各国政府及遗产管理者、保护工作者提供指导。《会安草案》从遗产的概念、保存工作面临的威胁、保存真实性的手段、非物质因素的保存、遗产真实性与社区的关系等方面对"文化景观""考古遗址""水下文化遗产""历史城区与遗产群落""纪念物、建筑物和构筑物"5大类遗产资源保护工作进行了详细阐述，其中对建筑物的保护建档工作作出如下建议：

（1）在建筑物或纪念物的重要性陈述中，应包括详细的历史研究，对过去所采取的介入措施的记录，以及建筑物或纪念物的现状描述。这一陈述应对赋予建筑物或纪念物遗产异议并应当在后续介入行为中予以保存的不可替代的价值加以说明。

（2）有必要建立一个恰当的数据库，作为以维护真实性为目的的保护项目的基线。这一数据库应包括以下内容：环境信息、土地/土壤信息、地质/地震探测信息、历史信息、有关所有权的细节、建筑细节、功能分析、风格分析和描述、结构评估（状态、破坏情况、机制）、材料评估（特点、衰退情况、原因）、考古材料、过去的介入历史。

（3）对纪念物和建筑物采取的所有介入活动都应得到全面记录。为一个保护项目所收集的所有照片、图表、笔记、报告、分析和判断以及其他数据都应进行存档。最好是能够在权威的学术刊物上发表最终保护报告。

（4）应收集有详细记录和明确纪年的纪念物原始材料样品，例如砖石、瓦当等，以便在需要用新材料进行保护时给予参考。保护中所有采用的新材料和混合物，包括其详细用途都应记录在案。

（5）所有现场举办的项目进展会议、检测记录和其他任何与开展工作有关的信息都应记录存档。

（6）有关作为保护计划一部分的介入行为的类型和程度的决定均应在进行充分的研究、专家讨论和权衡可能的保护措施之后作出。应采取确保遗产价值和纪念物及建筑物真实性所需的最小程度的介入。

——《会安草案·Ⅴ纪念物、建筑物与构筑物·4.1确认和记录》

由以上建议可知，建筑遗产的保护档案内容丰富，不仅涉及对遗产现状的记录，还应包含相关历史研究、历次保护工作记录与成果资料、建筑材料样品，等等。建筑物遗产的保护档案里关于遗产现状的记录包含对建筑本体的价值细部、使用功能、建筑风格、结构、材料、所有权等条目，还包括对建筑周边环境必要信息的记录，如地质水文信息等。对建筑物采取介入行为（如维修改造、勘测研究等）的记录包括相关研究报告、测绘资料、工程记录等，形式包括照片、图标、报告等。《会安草案》中对建筑遗产档案建设的详细建议，为世界各国的遗产建档工作的开展提供了模板。

2007年5月，中国国家文物局、国际文化财产保护与修复研究中心、国际遗址理事会与联合国教科文组织世界遗产中心于北京联合举办了"东亚地区文物建筑保护理念与实践国际研讨会"，会上通过的《北京文件》从保护原则、文化多样性与保护过程、档案记录与信息资料、真实性、完整性、保养和维修、木结构油饰彩画的表面处理、重建、管理、展陈和旅游管理、培训等十一个专题对遗产保护原则与实践中出现的争议进行了再讨论。

……文物建筑及周边环境本身应被视为信息的基本来源，并补充以档案资料和传统知识。理解这些复杂的信息来源是确定开展包括保养和维修在内的任何保护工作的前提……遗产地的认定和调查过程包括对该遗产地及其周边环境进行详细的勘察并予以登记造册，此类调查需对所有的历史遗迹和痕迹进行查核。

文化遗产管理者负责确保做好重组的档案记录，并确保这些记录的质量和更新，不断做好档案记录应是任何保护以分析报告和评估报告的形式呈现，配以图纸、照片和绘画等，这应当是任何修复项目的一个组成部分。修复工作的每一个阶段以及所使用的材料和方法都应记录归档。在修复项目完成后的合理时限内，应准备并出版一份报告，总结相关的研究、开展的工作及其成果。报告应存放在公共机构的档案室，以使研究人员参考使用。报告的副本应存放在原址。

——《北京文件·档案记录与信息资料》

对比《会安草案》，《北京文件》对于建筑遗产保护建档的工作有了进一步的发展，《会安草案》主要强调遗产档案的完整性，《北京文件》则进一步强调了遗产档案建设的动态性，遗产的调查与建档工作是开展其他保护工作的前提，遗产档案应随着后续的修复工作有所更新，遗产档案应该向研究者开放，等等。

例如，世界文化遗产的评选需要提交详细的申请资料，其中就包括详细的遗产保护档案，包括建筑遗产的基本信息介绍、保护范围图则、相关报告及决议文件、现状照片、保护指引等。以此档案为基础，联合国教科文组织建立起覆盖全球的世界文化遗产电子地图，供遗产管理者、保护者、研究者与普通公众使用。

除了以联合国教科文组织牵头推动的世界范围的遗产档案地图，世界各国也在积极开展本国的遗产保护建档工作。

以我们的邻国日本为例。日本的文化遗产保护采用国家与地方立法相结合的保护体系，国家立法保护的对象为中央政府负责的最重要的一部分遗产资源，而其他的遗产资源则由地方政府通过地方立法确立保护。日本的文化遗产基础性调查与建档工作由政府指定的遗产管理团体负责，2010年，由日本文化厅和国立情报学研究所共同策划及运营的"文化遗产数据库"在原"文化遗产在线"网站❶的基础上建立并正式向公众免费开放，数据库收集汇总了包括建筑物在内共16大类74小类文化遗产的基础档案，公众可以在"文化遗产在线"及文化厅的网址上查询到各类建筑遗产的基本信息简介、地图位置、现状照片等。

接下来让我们把目光从东方转向西方，看看具有丰富建筑遗产资源的英国在建筑遗产保护建档方面的工作情况。1908年英格兰历史古迹皇家委员会（Royal Commission on the Historical Monuments of England，简称RCHME）❷建立，标志着英国建筑遗产记录国家系统的建立，其成立后60年一直致力于清查与建立英格兰的古迹名录，主要工作包括田野调查与测绘，收集并完善与考古遗址和建筑相关的照片、图纸和文献档案。除了由国家统一建立的国家古迹记录（National Monuments Record），英国的地方政府还会独立开展本地区的建筑遗产建档工作，形成本地区的遗址古迹记录（Sites and Monuments Records），目的是为地方当局的规划体系提供信息和建议，并满足更广泛的保护、教育和研究所需。20世纪90年代起，英国的遗产保护与建档工作开始引入信息技术，通过与各遗产保护网站联网的方式向公众开放国家古迹记录数据库的档案信息❸。

1.3
国内历史建筑保护与档案建设

2016年以来，住房城乡建设部连续印发《历史文化街区划定和历史建筑确定工作

❶ https://bunka.nii.ac.jp/index.php.
❷ 委员会于1999年并入英格兰遗产（English Heritage）。
❸ 宋雪. 英国建筑遗产记录及其规范化研究[D]. 天津大学，2008.

方案》❶《关于进一步加强历史文化街区划定和历史建筑确定工作的通知》❷《关于加强历史建筑保护与利用的通知》❸《关于将北京等10个城市列为第一批历史建筑保护利用试点城市的通知》❹《关于请报送历史建筑测绘建档三年行动计划和规范历史建筑测绘建档成果要求的函》❺等一系列文件，督促各城市尽快开展与落实历史建筑的保护工作，历史建筑的保护有了长足发展。下面选取若干城市案例进行简单介绍，集思广益。

1.3.1　上海

上海市的历史建筑保护工作启动较早，自1986年被评为国家历史文化名城，上海市即高度关注与重视历史建筑遗产的保护管理和更新利用工作，提出"建立最严格保护制度"的工作要求，至2019年先后公布5批次共1058处优秀历史建筑，遍布全市16个区县。2004年，上海市历史文化风貌区和优秀历史建筑保护委员会成立，由上海市住房和城乡建设管理委员会、上海市规划局和上海市文物管理委员会派员组成，强化了对市域历史文化遗产保护管理工作的统一领导和统筹协调，此外，上海市建筑协会、上海市房屋修建协会、上海市建筑装饰装修协会、上海市城乡建设和管理委员会科学技术委员会办公室等先后成立历史建筑保护技术专业委员会等，同济大学、上海交通大学等相继组建历史文化名城研究中心、历史文化遗产研究中心，共同形成条线联系、条块联动的管理体制。

在历史建筑保护管理法律法规建设方面，上海市出台了一系列的历史建筑保护地方政策法规，如1991年的《上海市优秀近代建筑保护管理办法》，2002年的《上海市历史文化风貌和优秀历史建筑保护条例》，2004年的《关于进一步加强本市历史文化风貌

---

❶ 住房城乡建设部办公厅关于印发《历史文化街区划定和历史建筑确定工作方案》的通知（建办规函［2016］681号）。

❷ 住房城乡建设部办公厅关于进一步加强历史文化街区划定和历史建筑确定工作的通知（建办函［2017］270号）。

❸ 住房城乡建设部关于加强历史建筑保护与利用工作的通知（建规［2017］212号）。

❹ 住房城乡建设部关于将北京等10个城市列为第一批历史建筑保护利用试点城市的通知（建规［2017］245号）。

❺ 住房城乡建设部函《关于请报送历史建筑测绘建档三年行动计划和规范历史建筑测绘建档成果要求的函》（建科保函［2019］202号）。

区和优秀历史建筑保护的通知》等，通过强化法规制定、规章配套、日常监督、管后评估等方面，形成了上海特色的历史建筑保护管理法规体系。

在历史建筑修缮技术标准体系建设方面，上海组织设计、施工、监理方面的专家针对历史建筑常见的材料与做法进行了深入的应用研究，编制了《优秀历史建筑保护修缮技术规程》《优秀历史建筑保护修缮设计文件编制导则》等一系列修缮技术标准，将历史建筑修缮技术管理科学化、标准规范配套化、实施应用系列化。

在历史建筑档案建设方面，上海以"一处一档、一幢一册"为要求，由市、区住房和城乡建设部门落实优秀历史建筑的建档工作。上海历史建筑档案内容包括建筑的历史沿革、保护管理要求、普查资料等基础信息，以及修缮、执法、权籍交易等20多项常态和动态信息要素。此外，上海市住房和城乡建设管理委员会还建立了优秀历史建筑保护管理信息系统，实现档案信息数字化。

1.3.2 广州

广州自2014年至2019年共公布6批次815处历史建筑，在历史建筑保护档案建设、工作机制、政策法规、规划管控、利用试点、公众参与等方面均取得了丰富的实践成果。作为十个历史建筑试点城市之一，广州市组建市、区两级历史文化名城保护委员会，并成立历史建筑保护利用试点工作领导小组，制定由广州市规划和自然资源局、广州市住房和城乡建设局、广州市财政局等18个职能部门和11个区政府共同参与的联席会议制度和名城保护工作审议机制，统筹领导历史建筑保护利用试点工作。

在历史建筑普查方面，广州组织开展了全市域范围第五次文化遗产和历史建筑普查，收集不可移动文化遗产保护线索近4000处，建立全市文化遗产数据库和"广州记忆"等信息平台，明确保护对象身份，做到文物与历史建筑身份不重叠，扎实推进基础工作，做到历史建筑精细化管理。

在历史建筑档案建设与应用方面，广州利用三维数字化测绘技术，通过遗产保护、建筑学、计算机、测绘等多专业联合，完成了历史建筑的数字化详细建档，建立遗产保护全周期数据档案库，逐渐形成了涵盖遗产普查、认定公布、保护规划、建档测绘、日常监管、修缮指引、维护修缮、活化利用的历史建筑保护利用管理流程。在历史建筑数字档案的基础上，广州汇总其他历史文化资源，建立起包含不可移动文物、历史建筑、传统风貌建筑、古树名木等多种遗产资源的广州市文化遗产普查数据管理系统，与广州市"一张图"平台进行衔接，数据实时进行更新并便于定量统计分析，为科学决策提供了重要保障，实现对全市历史文化资源的整体保护管理，成为名城保护的全局工作的支撑。除了面向管理者，广州还通过建立历史建筑二维码与数字地图、"广州记忆"平台和"名城广州"微信公众号，多方位打造历史建筑数据资源全民共享途径，引导全民积极主动参与名城保护，营造全民保护良好氛围，促进历史建筑保护利用可持续、高质量发展。

1.3.3 重庆

至2019年，重庆市共公布3批次387处历史建筑，由重庆市城乡规划主管部门负责历史建筑保护的规划管理工作。

重庆市2018年颁布了《重庆市历史文化名城名镇名村保护条例》，对历史建筑保护工作的责任分工、申报标准、评选流程、预保护制度、名录变动审批流程、保护要求、活化利用鼓励政策、权利人的责任与义务等均做出相关规定，对历史建筑保护工作的开展具有重要意义。该条例第四十二条规定："区县（自治县）人民政府应当按照保护名录，建立保护档案……市城乡规划主管部门和市文物主管部门应当建立、管理和维护历史文化资源信息库，并实现信息共享。"上述规定明确了重庆市历史建筑的建档工作需求，并明确需建立统一的历史文化资源信息库，实现各相关部门的信息共建、共享，为历史建筑的信息化工作指明方向。

在历史建筑档案建设方面，重庆市规划和自然资源局（现重庆市规划和自然资源局）于2017年起着手将优秀历史建筑测绘资料纳入重庆市正在建设的历史文化资源信息库，留存原始资料和历史信息，以及对优秀历史建筑进行定点定位等。重庆市历史建筑的建档标准分为详细测绘建档与普查性测绘建档两类。根据测绘深度与建档内容各不相同，测绘档案的成果内容包括历史建筑文字报告、历史建筑测绘图、现状照片、点云数据、三维模型等，强调建筑与环境的整体数据采集。为实现历史建筑数字档案的有效管理与使用，重庆市建设了历史建筑数据库（重庆市历史文化资源信息库八大专题数据之一）与历史文化遗产（规划管理部分）对内管理平台，将历史建筑数字档案与规划管理工作相结合，让数字档案用到实处。

在保护技术标准编制方面，重庆市出台了《重庆市保护性建筑、传统风貌街巷现状测绘和影像采集成果标准》。重庆多山地，历史建筑与地形环境紧密结合，特色明显，该标准因地制宜地从成果内容、成果形式等方面提出符合重庆历史建筑资源特点、经济技术发展水平的切实可行的数字化建档标准。

1.3.4 天津

至2019年，天津市已公布历史风貌建筑6批次877处，由天津市规划和自然资源局直属天津市保护风貌建筑办公室负责历史建筑的各项具体工作。

早在2005年，天津市已出台《天津市历史风貌建筑保护条例》，共六章四十九条，内容涵盖历史风貌建筑的确定、保护、利用、管理等方面。该条例第三十七条明确规定：市房地产行政管理部门应当建立历史风貌建筑档案，为天津市历史风貌建筑建档保护工作的开展提供法律依据。根据该条例，历史风貌建筑的档案应当包括建筑的技术资料、现状使用情况、权属变化情况、修缮装修形成的图文资料、迁移重建的测绘资料与记录、历史背景资料等。

天津市一般登录的历史风貌建筑数字化档案以推荐的前期调研工作成果为主，基本为文字描述和部分照片。在提名过程中，由天津市保护风貌建筑办公室为主体进行每个建筑基础信息资料的电子图文汇总，批准之后该资料成为天津市历史风貌建筑的基础档案。天津市历史建筑档案资料的完善，如测绘资料的补充等，主要依托具体的保护修缮工程进行。

近年来，天津市进行了静园、庆王府、先农大院、段祺瑞旧居等典型项目的修缮到开发经营，在修缮和建设过程中，均委托设计方或第三方对历史风貌建筑进行详细研究与测绘，形成历史风貌建筑的历史文献研究、测绘成果、影像记录、工程记录等详实的数字化档案资料。

除了上述4座城市，全国各地还有众多的城市也在积极开展历史建筑的保护建档工作，全国的历史建筑的保护建档工作虽然已经取得一定成果，但仍需进一步推进工作。

第一，许多城市缺乏历史建筑保护相关地方法规与技术标准指引，历史建筑保护与建档工作犹如摸着石头过河。

第二，历史建筑数量庞大，历史遗留问题较多，其保护与建档工作需要耗费大量的人力物力，许多城市缺少合适的工作机制，力不从心，缺少专业人员的深度参与，部分历史建筑依托具体工程项目委托第三方进行详细研究与测绘建档，但成果一般仅作为工程资料存档，未能与历史建筑档案有机整合，保护建档机制需要进一步完善。

第三，在快速城镇化的过程中，历史地段及周边环境变化非常迅速，面对数量庞大的历史建筑档案建设需求，传统的测绘手段往往难以应付，导致测绘工作跟不上现状变化，无法及时对历史建筑现状进行有效记录，错误引导实际工程的设计与施工，造成维修性破坏、真古董修成假古董以及部分历史建筑湮灭等令人痛惜的情况。

此外，关于历史建筑档案的管理与应用也存在以下几个问题：

（1）档案更新不及时，管理无序。尤其是对于产权、使用功能的变更、修缮改造记录、图形影像等内容，涉及文物、国土、规划、房管、基层社区等多部门，档案信息无法及时统筹规整，导致档案丧失时效性和准确性。

（2）档案与管理联动不流畅。一方面是档案在实务管理部门的缺席，各部门各取所需，各司其职，无法形成有效的统筹，信息档案无法有效调用；另一方面，作为历史建筑保护第一线的基层部门亦是不得要领；基层人员针对性的专业素养不足，对管理对象缺乏基本认识，在档案管理分散的情况下，不能高效准确地调用档案，极易导致误判和无效管理。

（3）历史建筑档案的封闭化。历史建筑的档案建设由行政主管部门档案主导，完成一次性建设后，往往缺乏动态维护，应用局限于规划系统内部，无法及时反映快速发展的城市面貌，缺乏信息公开的渠道和技术手段。历史建筑档案成为孤芳自赏的资料堆积，而公众依然无法认识和监督历史建筑，即使主管部门有意建立公众参与监督的机制，市民们往往受限于信息的封闭，无法获得比对监督的凭证和依据，这种情况极大地限制了历史建筑保护的推广宣传和社会参与。而另一方面，当历史建筑主管部门进行了专业的测绘工作后，由于保密性等各方面的顾虑，会严控测绘资料外泄，由于前述的各项原因，其他行政部门或业主均难以便利地获得该资料。

精细化、智慧化的保护与管理需要以详实正确的遗产档案为基础。由于历史建筑分布范围广阔、分布情况零散，历史建筑档案的建设需要持续的现场调研、基础数据积累工作，这原本是一项分阶段分层次的长期性工作，然而，分秒必争的城市建设进程中，能留给历史建筑遗产调查的时间并不多，这就容易造成在未全面、完整地了解实际情况下匆忙推进旧城、旧村改造项目的情况，对历史建筑遗产造成不可逆的破坏。为避免造成上述的恶果，怎样才能高效地完成历史建筑档案建设，为历史建筑的保护提供及时、可靠的基础信息，是历史建筑保护的重要一环。此外，在历史建筑档案建设工作的基础上，如何使这些详实的档案有效发挥其作用，如何更好地将历史建筑保护工作与现有规划管理体系相结合，如何将历史建筑保护与本地实际相结合，等等，都需要不断的探索与实践。

1.4
本章小结

本章从基本定义、保护与建档要求、国内外概况等几个方面对历史建筑的保护建档工作进行了简单的介绍。21世纪以来，随着我国历史文化遗产保护工作的不断发展，"历史建筑"作为新的法定保护对象被纳入国家的历史文化遗产保护体系，相关的保护要求与法律法规也在不断完善。历史建筑档案建设是历史建筑保护的基础工作之一，国外的历史文化遗产保护建档工作开展较早，强调遗产保护档案的完整性、动态性与开放性，近年来，国内各地市也陆续开展历史建筑的保护与建档工作，数字化技术的应用与探索提升了建档工作效率与成果实用性。

第2章

历史建筑档案建设

2.1
数字化保护建档技术的发展

2.1.1 数字化与历史文化遗产保护

　　数字化保护的概念最早产生于对图书等纸质文档的数字化保存，随着历史文化遗产保护理念与数字化技术的发展，数字化保护已不仅限于对保护对象的数字化建档，更扩展到保护工作的全生命周期。

　　20世纪90年代以来，计算机与互联网等数字技术的更新为历史文化遗产的保护提供了许多新思路，历史文化遗产的数字化测绘、GIS[1]、三维重建、虚拟漫游、HBIM[2]、虚拟复原等成为热门话题，世界各地的虚拟博物馆、智慧景区如雨后春笋涌现。

　　2008年9月29日~10月4日，国际古迹遗址理事会（International Council on Monuments and Sites，ICOMOS）在加拿大魁北克市举行第16届年会，并通过了著名的《魁北克宣言：场所精神的保护》(*Quebec Declaration on the Preservation of the Spirit of Place*)，其中，在"保护场所精神（Safeguarding the Spirit of Place）"一节中提道：

　　鉴于现代数字技术（数据库、网站）能迅速、有效地以一个低成本的方式开发多媒体应用来整合有形与无形的文化遗产，我们强烈推荐数字技术的广泛应用，意在更好地保护、传播与提升历史文化遗址及其场所精神。这些技术有助于场所精神相关研究的多样化及持续更新。

——《魁北克宣言：场所精神的保护》

---

[1] Geographic Information Systems，地理信息系统。
[2] Heritage Building Information Model，历史文化遗产建筑信息模型。

图2-1 历史文化遗产的数字化保护

魁北克宣言明确提出现代数字科技在遗产保护领域的应用前景与应用优势。历史文化遗产的数字化保护，首先是对历史文化遗产的数字化档案建设，其次是将数字档案成果与遗产保护的各项工作相结合，在日常监控、规划审批、修缮维护、活化改造、虚拟复原等遗产管理与保护过程中，以数字化档案为基础，以数字化技术为手段，创新遗产保护的方式，提升遗产保护工作的实效（图2-1）。

数字化技术在历史文化遗产保护领域的应用主要集中在以下三方面：第一，数字化测绘，辅助历史文化遗产现状信息的采集；第二，数据库与GIS、HBIM，辅助历史文化遗产资源的管理；第三，虚拟现实技术，辅助历史文化遗产地虚拟重构与展示。

1. 数字化测绘——辅助历史文化遗产现状信息地采集

20世纪80年代以前，历史文化遗产的测绘以人工测量为主。至20世纪90年代，全站仪、测距仪等激光测量工具被推广应用，建筑遗产测绘的成果精度得到了极大提升，但测绘工作的自动化程度仍相对较低。直至21世纪初，三维激光扫描、倾斜摄影等技

图2-2 数字化测绘手段
（a）全站仪；（b）站式激光扫描

术逐步进入历史文化遗产保护的视野，结合互联网技术、云计算等信息技术，遗产测绘的自动化、智能化程度大幅提高，其高效性与精确性得到了广大遗产管理者、保护师的高度认可（图2-2）。

2. 数据库与GIS、HBIM——辅助历史文化遗产资源的管理

数据库技术兴起于20世纪60年代，为进一步适应计算机海量数据的读写、存储与备份管理等需求应运而生，通过建立逻辑清晰的结构达到高效管理数据的目的。历史文化遗产资源数量庞大，过去均以纸质档案进行信息保存，既不便于信息的检索与调取使用，也容易出现档案的遗失，数据库技术可以很好地解决上述问题。

地理信息系统技术（GIS），顾名思义是一项以地理空间为基础的数据处理技术，

可以将表格型数据转换为地理图形显示并进行操作分析，广泛应用于规划等专业领域。利用GIS技术可将历史文化遗产的档案通过落点位置、保护范围等地理空间信息与现状地图、城市规划等相关联，便于在规划设计、建设审批、城市管理工作中落实历史文化遗产的保护范围与保护要求，提升历史文化资源保护管理的工作效率。

如果说GIS是群体尺度的历史文化遗产资源管理技术应用，那么HBIM则是历史文化遗产个体尺度的资源管理技术应用。建筑信息模型（BIM）的概念于2002年提出，核心为建立建筑的计算机三维模型，并通过对三维模型的信息赋值，将建筑各方面的档案整合于一体，实现建筑全生命周期的协同设计与精细化管理。HBIM即为历史文化遗产的建筑信息模型。

3. 虚拟现实技术——辅助历史文化遗产的虚拟重构与展示

虚拟现实技术（英文名称：Virtual Reality，缩写为VR），是20世纪发展起来的一项全新的实用技术。虚拟现实技术囊括计算机、电子信息、仿真技术，其基本实现方式是计算机模拟环境从而给人以环境沉浸感[1]。虚拟现实技术可以以生动有趣的方式展现历史文化遗产的魅力，令公众足不出户即可饱览祖国大好河山与丰富多彩的历史文化。目前，国内外虚拟现实技术在历史文化遗产保护领域的应用主要有下面两种：

第一种是通过地空影像的三维解算、点云建模、图像建模等技术，将历史文化遗产数字化采集的数据进行处理，形成实景纹理模型、全景漫游等虚拟现实成果，结合可视化技术进行展示三维展示，以实现基于网络的历史文化遗产保存现状的实景漫游，例如各大数字博物馆与虚拟景区，如数字敦煌、中国传统村落数字博物馆、鸦片战争博物馆虚拟博物馆等。

第二种是利用计算机三维建模软件对已湮灭的建筑或想象的历史场景进行三维虚拟复原重建，以动画的形式或配合人机交互设备等进行互动展示，作为实物展览的补充，对历史场景的复原让观众更好地了解与感受历史文化遗产的历史原貌与内涵，例如故宫端门数字博物馆数字文化互动展示、西安大明宫遗址复原展示等。

---

❶ 定义来源于百度百科。

2.1.2　数字化技术于历史建筑建档工作的应用及相关标准建设情况

我国《历史文化名城名镇名村保护条例》施行已有10年，经过10年的发展，历史建筑的保护和名录认定工作已经有了很大的进步，近年来各地市开始利用数字技术手段对历史建筑开展信息化保护和管理工作，以适应城乡大规模信息化管理的趋势，具体内容包括历史信息的数字化采集建档、数据库建设、信息化管理平台建设、多媒体宣传平台建设等方面。

档案数字化的探索由来已久，但其应用一直存在较多局限，近年来随着三维激光扫描技术、无人机技术、照相建模技术、网络技术、计算机技术、三维模型技术等一系列技术发展，档案数字化尝试获得了质的飞跃，具体体现为从采集、处理到平台集成等多个层次的全面提升，充分克服了局部短板的限制。其一，利用网络数字化展示平台，可实现部分档案信息的合理公开化，行政主管部门可以合适的手段和方式对历史建筑的保护责任主体行为进行引导和干预，包括为业主提供工程测绘档案和其他技术支撑等。其二，结合三维激光扫描技术，可一次性达到工程测绘精度，以此档案为业主使用，减少社会资源浪费，避免重复测绘，使历史建筑建档保护工作与业主的利益统一起来，同时也能借此争取业主的理解，引导业主认识历史建筑的潜在文化溢价，激发社会整体对历史文化遗产保护工作的共识。

目前，历史建筑数字化建档涉及技术手段众多、技术难点不尽相同，2019年以前，国家层面尚未从顶层设计角度出台相关指南和规范，各地大多以自发的形式开展历史建筑数字化工作，内容深度、保护侧重，成果形式皆不统一。如历史文化资源非常丰富的六朝古都南京市，于2015年制定了《南京市重要近现代建筑测绘工作规程》，从现场测绘、测绘图绘制、测绘成果要求3方面规范全市重要近现代建筑测绘工作，采用仪器测绘与手工测绘结合、计算机制图的技术路线，成果包括测绘图纸与测绘报告两部分内容。又如山城重庆于2017年发布的《重庆市保护性建筑、传统风貌街巷、现状测绘和影像采集成果标准》，则从详细测绘成果标准、普查性测绘成果标准、测绘成果统一格式、测绘成果电子数据标准、影像采集成果标准等方面对本市的历史建筑数字化测绘工作提出具体要求，历史建筑测绘成果包括文字报告、测绘图纸、现状照片、历史文献、三维模型等，文件对数字档案成果的参数做了详细规定，而对测绘使用的技术手段及技术路线则并未做出说明。2015年，珠海市在总结过往历史文化遗产工作经验的基础上制定了《珠海市历史建筑数字化建档保护技术标准》，从技术路线、工作流程、建档内容、成果标准等多个方面对历史建筑数字化建档工作进行规范，对历史建筑数字化建档的技术手段与成果内容深度均提出了明确详细的要求，指导珠海高标准、高质量地完成了第一、二批历史建筑的数字化建档。

直至2019年9月，住房和城乡建设部建筑节能与科技司发布《关于请报送历史建筑测绘建档三年行动计划和规范历史建筑测绘建档成果要求的函》（建科保函〔2019〕202号），文件附有"历史建筑测绘标准""历史建筑测绘成果归档要求""历史建筑档案表"，对历史建筑的测绘建档成果提出具体的深度与格式要求，为全国各地的历史建筑测绘建档工作提供了必要的指引。2021年6月30日，住房和城乡建设部发布了行业标准《历史建筑数字化技术标准》JGJ/T 489—2021，进一步规范了历史建筑数字化内容和成果。

除了参照住房和城乡建设部的文件要求，各城市的数字化测绘建档工作亦会参照现有工程测量、建筑绘图、文物建筑测绘标准作为补充，如《工程测量标准》GB 50026—2020❶、《古建筑测绘规范》CH/T 6005—2018、《测绘技术设计规定》CH/T 1004—2005、《建筑制图标准》GB/T 50104—2010、《房屋建筑制图统一标准》GB 50001—2017❷，等等。然而，由于此类标准的实施对象并非专指历史建筑，涉及的测绘手段亦并非完全是数字化技术，缺乏针对性。此外，数字化测绘技术的行业标准也对历史建筑数字化测绘工作起到一定的规范与指导作用，如《地面三维激光扫描作业技术规程》CH/Z 3017—2015、《近景摄影测量规范》GB/T 12979—2008、《三维地理信息模型数据库规范》CH/T 9017—2012，等等。

---

❶ 此标准正式发布前，采用标准《工程测量标准》GB 50026—2007。
❷ 此标准正式发布前，采用标准《房屋建筑制图统一标准》GB 50001—2010。

2.2
三维激光测绘技术

2.2.1　基本概念

　　近年来，随着城市化进程地加快，历史文化保护的需求迅速增长，数字化测绘技术逐渐被应用于遗产保护领域，成为建筑遗产现状勘测的新工具。在众多数字化测绘技术中，最抢眼的当属三维激光扫描技术，应用于历史文化遗产保护的案例比比皆是，例如最近遭遇大火焚毁的法国巴黎圣母院，因其在早在2014—2015年间利用三维激光扫描技术完成了建筑主体的现状信息采集，建立了三维点云模型，为其重建提供了不可替代的基础数据，可以算是不幸中之大幸。

　　简单说来，三维激光测绘技术，又称三维激光扫描，就像是为历史建筑拍X光片，把历史建筑的现状完整记录下来，为规划主管部门、建筑修缮设计师等"历史建筑医生"提供精确的现状档案，使其能更好地推进历史建筑的维护管理、修缮活化等"后续治疗"。

　　三维激光扫描的技术原理是通过三维激光扫描仪向各个方向发射出激光，激光遇到障碍物（如建筑的墙体、地面、顶棚等）之后反射回扫描仪，扫描仪通过计算激光反射的时间即可获得扫描仪与障碍物之间的距离，从而获得所在空间界面的三维模型，这个三维模型是由众多激光反射点组成的点的集合，就像由众多细小水滴组成云朵一样，称为点云（Point Cloud）（图2-3）。

　　三维激光扫描采集回来的点云是分散的一个个空间模型，再利用计算机进行坐标系转换、拼接、降噪、误差修正等一系列数据处理工序，可得到完整的建筑三维点云模型。

　　三维点云模型完整记录建筑实物的三维尺寸、材质纹理等，可以通过实用化技术转化成建筑图纸、电脑三维模型等，为建筑的现状存档、工程设计、展示宣传等提供基础资料。

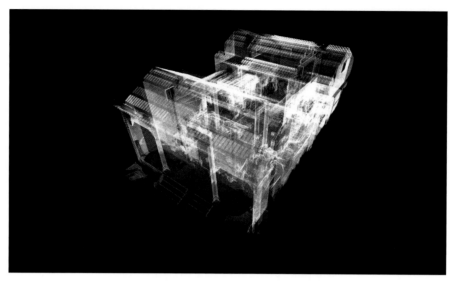

图2-3　珠海历史建筑三维点云模型（梅松吴公祠）

2.2.2　技术流程

三维激光测绘的工作流程大致可分为数据采集和数据处理两部分（图2-4）。

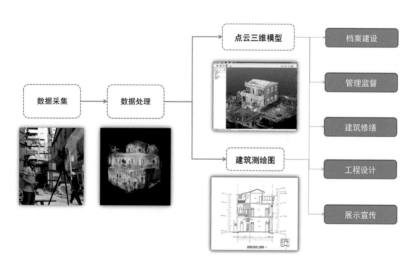

图2-4　三维激光测绘技术流程

　数字记忆——珠海市历史建筑数字化保护理论与实践

1. 数据采集

数据采集主要指现场利用三维激光扫描仪进行建筑点云数据采集作业（图2-5），具体技术流程如下：

（1）仪器检校：按工作要求，对三维激光扫描仪及附属设备进行检校，确保仪器在检校合格有效期内，仪器主机各部件及附件匹配、齐全且外观良好，并通电检验仪器能否正常运转、能否获取准确数据、电源容量是否充足、内存容量是否充足、同轴相机是否能获取影像。

（2）扫描站点布设：根据现场情况，合理布设扫描站点，在保证扫描范围覆盖整个扫描对象的基础上，控制站点数量，提升工作效率。

（3）控制点布设：对于规模较大的建筑与建筑群，增加布设控制点以确保数据拼合精度，控制点应均匀布置且高低错落。

（4）点云数据采集：根据工作方案设定项目名称、扫描分辨率、扫描精度，启动仪器进行扫描作业。仪器工作期间应时刻注意其工作状态，如出现双轴补偿失效、震动、断电等非正常情况，需重新启动扫描作业。

图2-5　三维激光扫描现场工作情况

2. 数据处理

三维激光测绘的数据处理工作主要包括点云数据拼接、坐标系转换、降噪与抽稀、点云着色、点云切片提取等步骤，最终形成完整的建筑三维点云模型，具体技术流程如下：

（1）点云数据拼接：利用标靶、地物特征点、控制点和云际法等把单站点云数据进行拼接，形成完整的建筑三维点云模型，并利用迭代法验证站点间拼接精度。

（2）坐标系转换：给建筑三维点云模型设置坐标。连续界面采集的数据，进行绝对坐标系转换；建筑室内数据和建筑单体立面数据，不宜进行绝对坐标系的转换。单体建筑一般使用用户坐标系，原点选择在建筑主入口附近，X轴对齐主入口方向，Y轴对齐主入口的法向。

（3）降噪与抽稀：对建筑三维点云模型进行优化。当点云数据存在异常点、孤立点时，应视点的数量，采取滤波的方式或手工方式进行数据降噪处理；可根据工作要求进行点云数据的抽稀和均匀化，以减轻数据存储和数据处理压力。

（4）点云着色：原始点云模型为黑白两色，可根据具体工作方案要求，使用照片或全景照片对点云数据进行自动或手动彩色赋值，以获得彩色的建筑三维点云模型。

（5）点云切片提取：对建筑三维点云模型重要断面进行断面提取与平面投影，形成二维图像，为建筑图纸绘制、手工模型制作等历史建筑数字化保护的后续工作提供基础资料，实现建筑三维点云模型的实用化。

3. 历史建筑三维激光测绘的工作特点

第一，详略得当，与建档要求结合，突出扫描重点。在数据采集与处理过程中，不但要依托强大的科技仪器，同时也强调科学的工作方法，测绘工作要详略结合，既要对历史建筑的整体性结构进行数据采集与记录，又要针对历史建筑的价值部位展开重点测绘，响应历史建筑数字化建档与保护的具体要求。

第二，加快效率，顺序得当，减少扰民。由于大部分历史建筑都处于正常使用的状态，现场作业应遵循先外后内，室内作业要高效密集完成，工作过程中要与建筑使用者耐心交流，减少对居民生产生活的干扰。

第三，对于规模较大的建筑群，应采用点面结合的工作策略。对于大型的历史建筑群，如相似性较高的传统民居群，可采用整体简略测绘，代表性单体详细测绘的方式。整体简略测绘，重点为建筑群整体格局与街道、巷道整体风貌；对于价值较高、保存情况较好、具有代表性的建筑单体，则应进行详细、完整的记录。如此，可以以更高的效率获得更多有价值的数据，提高历史建筑数字建档的科学性。

2.2.3 成果应用

三维激光测绘生成的历史建筑三维点云模型，可应用于以下两方面：

第一，应用于历史建筑的保护与管理。三维点云模型是历史建筑数字档案的重要组成，完整记录了历史建筑的三维信息，可根据保护工作的需要制作成建筑测绘图（图2-6）、建筑点云切片等，辅助历史建筑日常管理与修缮设计，让历史建筑的保护有档可依。

图2-6 基于三维点云模型的建筑现状测绘图（鹏轩学舍）

图2-7　珠海历史建筑三维点云展示（民兴米机旧址）

第二，应用于历史建筑的展示与宣传。历史建筑三维点云模型可实行在线互动展示（图2-7），可自由控制三维点云模型的观看视点，进行建筑室内外漫游，直观可感、互动性强，是历史建筑展示宣传的新手段。

2.3
无人机航拍与照相建模技术

2.3.1　基本概念

无人机航拍是以无人驾驶飞机作为空中工作平台，搭载数码相机等机载遥感设备，对场地进行倾斜摄影，并通过通信网络进行实时的图像回传，完成快速的场地现状数据采集，是又一高效便捷的数字化测绘手段。在过去，无人机航拍多采用体型较大的固定翼无人机，技术门槛高，需要一定的现场作业条件，飞行一次成本较高，拍摄对象一般范围较大，图像精度一般，多应用于大地测量等领域，而不适用于规模较小、周边建成环境复杂的历史建筑信息采集。近年来，小型多旋翼无人机技术地飞速发展，航拍摄影技术开始被广泛运用在各类型历史文化遗产的数字化信息采集工作中，小型多旋翼无人机具有技术门槛低、操作方便、作业条件灵活、飞行成本低、设备拓展性好等优势，满足不同环境下的历史建筑实景图像信息的快速采集需求。

　　无人机航拍采集回来的图像数据，经由照相建模技术进行分析处理，自动生成三维实景模型。照相建模技术是一种基于分析视像差获取拍摄对象三维信息的方法，是一种基于视觉的逆向化技术。过往，照相建模技术多用于可移动文物的三维虚拟重建，如雕塑、瓷器等小物件，随着计算机运算能力的大幅提升，照相建模的对象规模越来越大，从小物件到建筑单体，从传统村落到整个历史城区，满足不同尺度历史文化遗产的三维重建需求。

　　无人机航拍与照相建模两种技术结合，使用无人机快速、自动地获得历史建筑上空大量的、多角度的数码照片，在云计算等网络技术的支持下利用照相建模技术进行图像匹配和模型计算，可以在极短的时间内获取历史建筑的现状三维实景模型，包含三维尺寸信息与材质色彩等纹理信息，是最便利的历史建筑数字化测绘手段。

2.3.2　技术流程

　　无人机航拍与照相建模的技术流程大概可分为数据采集与数据处理两部分（图2-8）。

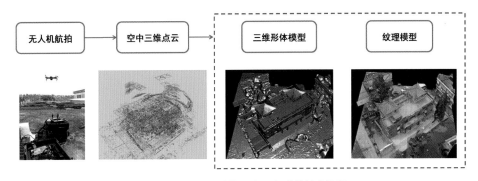

图2-8　无人机倾斜摄影与照相建模技术流程

1. 数据采集

数据采集主要为操纵无人机进行现场航拍，具体步骤如下：

（1）制定飞行计划：起飞前应充分了解航拍区域的地形与空域管制情况，获得空域作业许可，制定飞行计划，明确航拍范围、精度，规划航线，标记预警区域与紧急备降点等。

（2）现场踏勘：起飞前现场确认航拍区域内的地物情况，判断实时天气条件是否合适飞行，落实起降地点等。飞机起降场地一般为平坦的空地或宽阔的道路面，其周边无高压线及高层建筑，起降方向与当时风向平行，无人员或车辆走动，当条件受限时，亦可选取合适的居民楼屋面开阔区作为起降地点。

（3）仪器校验：检测GPS、遥感设备等信号是否正常，飞机电池、指南针等是否正常，仪器各部件及附件匹配、齐全且外观良好。

（4）航拍实施：按照飞行计划操作无人机进行飞行拍摄，时刻注意飞机与周边环境情况，注意飞行安全。

2. 数据处理

数据处理的具体工作内容包括图像导入、空中三维点云计算、三维形体模型建立、图像纹理贴图等，数据处理工作由计算机全自动完成（图2-9）。

（1）图像导入：将无人机航拍采集的图像进行整理、筛选，排除过曝光、失焦等问题照片，将合格的照片上传照相建模平台。

（2）空中三维点云计算：根据照片的坐标信息与图像数据，利用计算机算法计算出拍摄对象的空中三维点云模型。

（3）三维形体模型建立：在空中三维点云模型的基础上建立不规则三角网模型，形成拍摄对象的三维形体模型。

（4）图像纹理贴图：在单幅图像与三维形体模型间建立映射关系，将图像纹理映射至三维形体模型表面，获得与现状一致、具有实际材质纹理的拍摄对象三维实景模型。

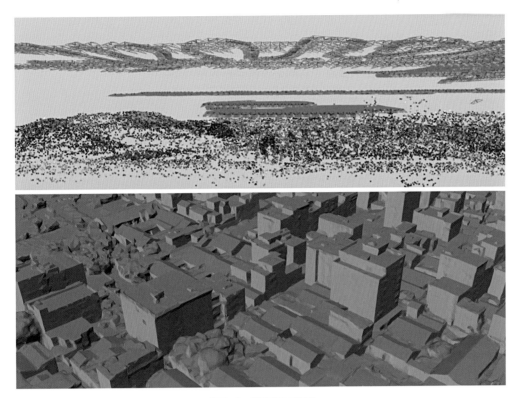

图2-9　航拍照片计算

3. 历史建筑无人机航拍与照相建模的工作特点

第一，现场作业环境复杂，飞行操作需格外谨慎。历史建筑多位于建筑密度较高的传统村落、旧街区，街巷狭窄，雨棚、电线等纵横交错，特别是位于旧城中的历史建筑，常常被高楼环绕，飞行空间小，视线遮挡严重，周边缺乏起降地点，等等，若出现飞行事故，如撞机、坠机等，极有可能伤及历史建筑与周边民众的安全。因此，在实施航拍前应做好充分的现场踏勘，制定紧急避险方案，飞行操作人员应注意力集中，避免意外发生。

第二，采集内容丰富，工作精度要求高。历史建筑外部多有灰塑、彩画、木石雕刻等装饰，是历史建筑重要的价值部位，其信息需要被完整采集。因此，历史建筑的航拍不仅要采集建筑的整体形体与周边环境，还要近距离采集建筑外部的装饰构件信息，特别是位于高处的屋脊灰塑、封檐板、山花装饰等，地面拍照往往由于距离较远、仰角过大等无法获得其清晰的图像信息，利用无人机则能轻松采集。

2.3.3　成果应用

无人机航拍与照相建模的工作成果包括历史建筑的三维实景模型与历史建筑的正投影平面图[1]等，可用于历史建筑的修缮设计、保护规划等保护管理工作，也可用于在线展示，丰富历史建筑的科普宣传内容。

历史建筑的正投影平面图可以用于校核、补充历史建筑的现状地形图，发现并修正地形图的错漏，将带尺寸的正投影平面图汇入地理信息技术（GIS）系统，实现数据的综合管理。正投影平面图可以丰富现有地形图的信息（如屋顶形态、植被种类等），优化历史建筑规划设计的判断决策过程，特别是对于地形图缺失的区域，正投影平面图通过控制点校正坐标后，可在法定地形图颁布之前作为概念阶段的规划方案设计的基础，进行相对准确的经济技术数据统计。

历史建筑的三维实景模型可以辅助城市管理人员以非在地的方式认知场地，解决一部分入户困难的问题；三维实景模型成果与改造设计方案融合，可实现更为真实的规划效果展示和动态、直观的规划过程分析；三维数据的定期更新，还可以对历史建筑改造和使用的真实状况进行比对监控和规划管理（图2-10）。

历史建筑的三维实景模型可以实现在线互动展示，各类移动终端上均可便利地查看、展示。

---

❶　又称正摄图、正射图。

图2-10　传统村落航拍纹理模型

2.4
基于数字化测绘的建筑绘图技术

2.4.1　基本概念

建筑现状测绘图，又称三视线画图，是指对建筑的原始空间三维数据（包括结构形式、构件尺寸、材质色彩等）的抽象化逆向整理，是对建筑的深入解读和重新"设计"。一般的建筑现状测绘图包括建筑总平面图、建筑各层平面图、各向立面图、剖面图以及细部大样详图等。建筑现状测绘图是历史文化遗产修缮设计、规划设计等保护工作的重要工作基础，建筑现状测绘图的绘制是历史文化遗产进行档案记录必不可少的一环，是对历史文化遗产进行数字化保护的核心信息和关键步骤。

近年来，随着三维激光测绘技术在历史文化遗产保护领域的广泛应用，历史文化遗产的现状测绘图多以三维激光点云数据为基础绘制，在数据精度和数据完整性上均已远超传统的手工测绘图纸。基于数字化测绘的建筑现状测绘图，即以三维激光扫描、无人机航拍等数字化测绘信息为基础，综合三维点云模型、点云切片、三维实景模型、数字影像等数据利用计算机绘图软件将其转化为二维矢量化图纸。

通过与数字化测绘技术结合，建筑测绘图的绘制精度与效率得以大大提升，测绘图的精度从简单的结构记录发展到了构造、装饰乃至残损改造都能全面记录的程度。

历史建筑的现状测绘图绘制不是简单机械的描绘数字切片，而是需要结合对历史建筑的理解，抓住历史建筑的关键结构、构造做法、最具有历史艺术价值的关键部位，进行精确绘制；这不但是提高测绘图绘制效率、绘制精度的问题，同时也是提供测绘图实用价值的问题（表2-1）。

各类型历史建筑测绘图绘制要点 表2-1

历史建筑类别	功能	测绘图绘制要点
传统宗教祠庙建筑	祭祀、教育	整体平面格局
		建筑立面形象
		传统结构与装饰构件（如梁架等）
传统民居建筑	居住	传统装饰构件（如花窗、雀替、灰塑等）
		传统结构构件（如梁架、趟栊门等）
近现代民居建筑	居住	立面装饰构件
		内部结构构件
碉楼、炮楼建筑	防御	建筑结构特点
		建筑与周边环境的关系
时代代表性建筑	公共使用功能	建筑外观形象
		公共空间（如大堂、庭院等）

本项工作的难点在于使历史建筑测绘图与保护管理的实际工作需求密切结合，在历史建筑以后的修缮、维护、更新改造过程中，存档测绘图都要起到实质性的基础数据作用，能够提供切实可靠的工程数据支撑。

2.4.2 技术流程

基于数字化测绘的建筑现状测绘图绘制主要包括以下步骤：

（1）数字切片制作：根据图纸绘制要求，于三维点云模型上选取关键位置进行数字切片提取，切片所记录的关键截面信息应完整，满足绘图需求。数字切片应选择合适的图像大小，过度追求高精度则会造成文件过大，不便数据存储与调用，切片精度不足则会导致信息缺失，无法满足历史建筑细部绘制需求。

（2）数字切片导入：将数字切片导入计算机绘图软件，作为测绘图绘制的图像参照。由于数字切片的格式不一致，导入时注意进行图像大小尺寸与视角的校准，若同时导入多张数字切片，应注意统一各切片的坐标，避免出现线稿分层现象。

（3）图纸绘制：利用计算机绘图软件进行建筑现状测绘图纸绘制，以数字切片为参照，协同绘图时，需制定统一的线形表达与图层设置标准。

（4）图纸审核：根据历史建筑测绘要求与国家现行的建筑制图标准对测绘图纸进行校对审核，保证图纸质量。

2.4.3 成果应用

历史建筑现状测绘图主要作为规划管理、修缮设计等保护工作的基础图档资料，其内容的完整性、绘图深度、精度都必须满足现行国家标准《建筑制图标准》GB/T 50104、《房屋建筑制图统一标准》GB 50001等的要求。

一般的历史建筑现状测绘图的图纸内容应包括：

（1）平面图，包括总平面图、典型平面图、屋顶平面图等（图2-11）。若平面铺装信息丰富，可加绘铺装平面。若屋面结构层次丰富，或设有吊顶装饰等，可加绘样式平面。总平面图应完整表达建筑周边历史环境要素。平面图重点表达历史建筑的平面布局、铺装样式、室内布置等信息。平面图常用比例为1：100～1：50，总平面常用比例为1：500～1：200。

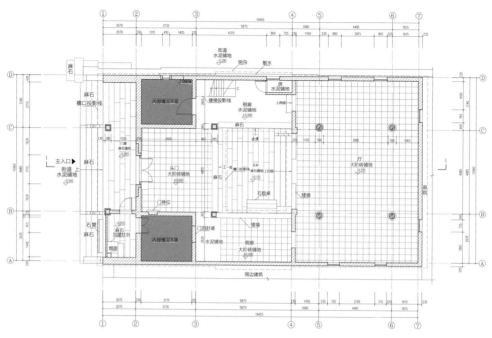

图2-11 历史建筑平面图举例（伯和黄公祠）

（2）立面图，包括正立面图、侧立面图等典型立面图，弧形立面等特殊情况应绘制展开立面图，骑楼等多层立面建筑可加绘廊下局部立面图等，以求清晰表达建筑立面价值要素（图2-12）。立面图重点表达历史建筑的形体特征与外部装饰细节、材质做法等，立面图常用比例为1：100～1：50。

（3）剖面图，主要表示历史建筑的结构关系、建筑空间形态等，剖面图数量根据建筑复杂程度调整，（图2-13）剖面图常用比例为1：100～1：50。

（4）详图，图纸数量不定，主要表达具有较高历史艺术价值的建筑构件的尺寸与做法，如梁、柱础、斗拱、楼梯、台阶等的大样详图，表现建筑的装饰纹样，如木刻、砖雕、屏风等的大样详图，表达建筑构造做法，如屋顶构造、檐口构造等的构造详图，等等，（图2-14）详图常用比例为1：20～1：5。

历史建筑现状测绘图纸除了应用于建筑设计等专业工作，还可以作为学术研究的基础资料，促进地方历史与建筑文化的学术发展，也通过图纸的再创作，应用于历史建筑的宣传、文创设计等，促进历史建筑资源的活化利用。

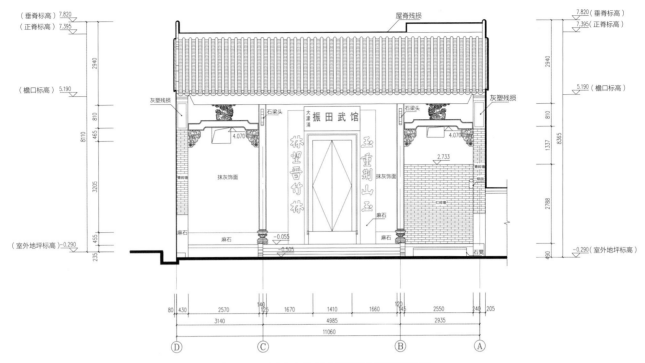

图2-12 历史建筑立面图举例（伯和黄公祠）

图2-13 历史建筑剖面图举例（伯和黄公祠）

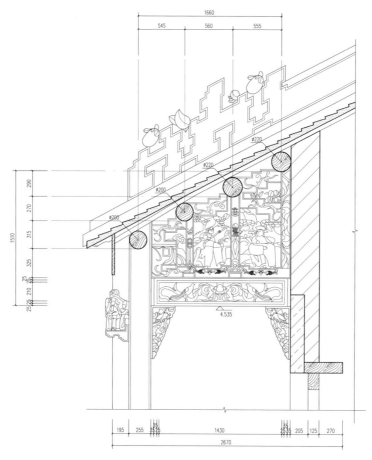

图2-14　历史建筑详图举例（伯和黄公祠头门梁架大样）

2.5
地理信息系统技术

　　地理信息系统（Geographic Information System），是在计算机软硬件支持下，把各种地理信息按照空间分布及属性以一定的格式输入、存储、检索、更新、显示、制图、综合分析和应用的技术系统。

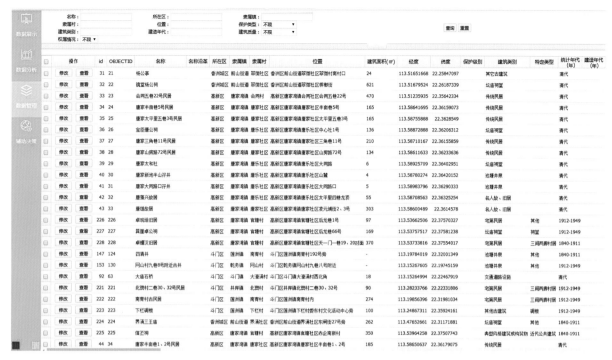

图2-15　利用GIS技术搭建的珠海历史文化保护一张图系统

地理信息系统始于20世纪60年代，至20世纪70年代后期技术发展与计算机的普及得以广泛应用。刚开始，地理信息系统应用较多的是土地信息系统于公共设施管理两个领域，至20世纪80年代，凭借其在信息管理上的优势，在资源调查、环境评估、国土管理、城市设计等领域的应用均得到飞速发展。

通过地理信息系统技术建立历史建筑档案数据库与管理平台（图2-15），可以实现对历史建筑档案的系统保存、管理，其技术特性可以满足将历史建筑的图形信息（测绘图、三维模型等）与描述性信息（名称、文字简介等）相结合，让历史建筑数字档案与城市地形图上的目标对象对应匹配，使历史建筑档案信息的存取应用清晰便捷[1]。

利用地理信息系统技术建立的历史建筑数据库以基础空间信息数据为依托，以二维

---

❶　梁哲. 中国建筑遗产信息管理相关问题初探[D]. 天津：天津大学，2007.

电子地图，二维影像地图等实景展示历史建筑的空间位置、分布情况及周边自然环境情况，可查看历史建筑的本体范围、保护范围等信息，并可依托城市规划管理平台，实现历史建筑保护范围与城市规划、用地规划等信息的冲突检测。此外，数据库还具备历史信息存储能力，可在确保数据现势性的同时实现各历史阶段数据的存储，实现历史建筑档案各类基础属性信息的实时维护。

地理信息系统技术的应用突破了传统决策系统以定性分析为主的局限，实现了对空间及相关属性的定量统计分析。随着遗产保护信息需求，尤其是共享需求的提高，以及生命周期管理概念在遗产领域的推广，利用地理信息系统技术强大的数据库支持，建立专项文化遗产信息管理系统，实现文化遗产信息有效的管理成为大势所趋。

2.6
三维重建及虚拟漫游技术

近年来，三维重建与虚拟漫游技术在历史文化遗产保护领域的应用备受关注，越来越多的历史文化遗产纷纷建立起自己的虚拟景区，将古建筑、老街区、风景名胜等进行三维重建与虚拟漫游展示，让公众足不出户即可云参观、云旅游，"身临其境"感受历史文化的魅力。

建筑遗产的三维重建方式有很多，使用光学相机对历史建筑进行多角度拍摄，基于多幅图像进行建筑物的三维数字化重建技术属于其中一个，涉及计算机图像处理、计算机图形学、计算机视觉以及模式识别等诸多学科，与传统的利用建模软件或者三维扫描仪得到立体模型的方法相比，基于图像三维重建的方法成本低廉，真实感强，自动化程度高（图2-16）。在对建筑物的三维重建图像采集过程中，场景中的诸多因素，如照明和光源情况、建筑几何形状和物理性质、光源与建筑和相机之间的空间关系等，任何因素的变化都将影响建筑三维重建模型的质量与虚拟漫游的效果。利用扫描图像进行的建

图2-16　基于现状照片的历史建筑三维重建与虚拟漫游

筑三维重建与虚拟漫游场景制作的技术流程大致如下：第一步，采用球幕相机对建筑进行照片数据采集；第二步，通过计算机软件进行二维图像建模处理，形成建筑的三维重建模型；第三步，在三维模型的基础上，对建筑的全景图像进行空间匹配，形成虚拟漫游场景。基于球幕相机的三维重建与虚拟漫游制作技术因其简便的操作性、低廉的成本和快速高效的成果制作方法得以大规模应用于建筑遗产的三维数字化重建及虚拟展示领域。

2.7
本章小结

　　本章从数字化技术在历史文化遗产保护领域的应用概况讲起，对历史建筑档案建设工作中的常用技术类型进行了详细的介绍，包括各项技术的基本概念、技术流程、成果形式与应用等。历史建筑数字化保护建档常用的技术有三维激光测绘、无人机航拍与照相建模等，数字化技术的加入让历史建筑建档工作在数据采集、数据处理、成果制作等方面均有长足发展，提升了建档工作效率，优化了档案成果精度，拓展了数字档案的应用方向。随着未来数字化技术的不断发展，其在历史建筑保护领域的应用潜能仍有待进一步发掘。

第3章

———

珠海实践

珠海市地处粤港澳大湾区核心地带，自古是"珠江三角洲"的鱼米之乡与海防重地，现存大量明清时期的古建筑与传统村落资源；近代以来，珠海作为民国时期的示范县，且毗邻澳门，是东西方交流的前沿阵地，社会经济与城市建设得到迅速发展，留下了众多近代集镇与建筑遗产；中华人民共和国成立后，珠海作为中华人民共和国第一批对外开放的经济特区，创下了多个全国第一，改革开放时期的代表性建筑是珠海历史建筑资源的特色之一。

珠海历史建筑数字化保护工作启动于2015年，至2019年已基本完成珠海市第一、二批历史建筑的数字化建档及相关数据应用建设，取得丰硕成果。珠海历史建筑数字化保护建立了历史建筑数字化标准，形成了历史建筑线索分等定级评价体系，构建了历史建筑数字化成果库，实现历史建筑三维空间数据地采集、集成、管理与调用，保证了历史建筑修缮管理、改造活化有档可依，并衔接现行"多规融合"规划管理平台，开展了多项历史建筑保护专题应用，有效提升历史建筑的管理效率和保护力度。

3.1
顶层设计

3.1.1　三个问题

珠海历史建筑数字化保护工作的开展首先要理清以下三个问题：数字化什么？怎么数字化？数字化的成果怎么用？

第一个问题是数字化对象与内容的选择。面对海量的历史建筑资源，哪些建筑需要数字化，哪些建筑需要优先数字化，哪些建筑信息需要详细采集，等等，都需要统筹考虑，需明确珠海历史建筑资源的特征与数字化保护的需求，明确工作目标、划分工作深度、有主有次、点面结合、详略得当，如若一视同仁、笼统而行，则容易拉长战线，造成资源浪费。

第二个问题是数字化技术的选择。根据选定的数字化工作对象与内容，选定合适的数字化技术手段。例如，采集大范围历史建筑群的整体布局、现状环境等信息，可使用无人机倾斜摄影与照相建模技术；采集历史建筑单体室内外结构的详细现状情况，可使用三维激光测绘技术；进行历史建筑地理信息管理，可使用GIS应用技术；等等。历史建筑的数字化保护涉及建筑、规划、测量、地理信息、计算机等多个专业领域，既要具有综合技术应用的眼光，兼容各专业的优势和长处，对各方面的先进技术和发展趋势都保持清晰地认识和把握，又要紧密结合珠海历史建筑保护的工作实践，将技术与需求结合。

第三个问题是要解决数字化成果的后续应用，要在数字化工作之初就想好成果的应用形式与方向，让数字化成果与保护工作体系有效衔接，避免数字化工作脱离实践，流于理论和形式，在实际工作中无法发挥该有的效益。如历史建筑的数字化信息采集、历史建筑的数字化管理系统建设、历史建筑的数字化展示平台开发等，都是历史建筑保护工作的数字化新趋势，珠海应该积极探索，将数字化技术更深入、更广泛地运用到历史建筑保护与管理工作领域。

3.1.2　指导思想

珠海历史建筑数字化保护的指导思想为"保护为主、抢救第一、合理利用、加强管理"。

保护为主：对珠海的历史文化遗产进行更有效的保护，是对历史文化遗产进行数字化的核心目标。

抢救第一：对存在破坏风险的历史文化遗产进行优先处理；对面临消亡的历史文化遗产进行抢救性数据记录。

合理利用：对已经获取的历史文化遗产的数字化信息，进行合理的、有针对性的数据处理和组织，促进历史文化遗产的合理利用。

加强管理：历史文化遗产的数字化信息，是对珠海市历史文化遗产进行精细管理的基础数据。

3.1.3　工作目标

对珠海市历史建筑进行针对性的数字化保存，包括档案数字化与现状三维信息数字化建档，建立珠海历史建筑数字化保护与管理平台，以利于历史建筑资源的管理、监控和检索。

历史建筑数字化保护成果衔接珠海现有规划管理系统，为历史建筑的日常管理与监控提供档案依据，辅助规划审批、保护规划编制等工作的实施，为珠海市历史建筑的维护、修缮和改造提供全面的数字化资料和数据支撑。

拓展历史建筑数字化保护成果的应用方式，建立历史建筑数字化展示平台，促进历史建筑保护与利用的公众参与（图3-1）。

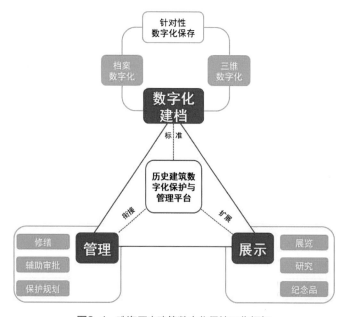

图3-1　珠海历史建筑数字化保护工作框架

3.1.4 "四个一"保护模式

珠海建立了一个历史建筑数字化保护标准、一套历史建筑线索分等定级评价体系、一组高科技数字化技术集和一个历史建筑数字化管理信息系统（一张图）的"四个一"数字化保护模式。即，以标准为总揽，明确数字化流程；以评价体系为依托，确定数字化对象；以技术集为支撑，明确技术及路径以及以一张图为平台，实现历史建筑的多维管理和成果应用。

1. 一个历史建筑数字化保护标准

为确保历史建筑数字化工作的系统、科学和有序性，珠海探索制定了《历史建筑的数字化保护标准》（下称《标准》），明确数字化保护的技术路线和标准，对整个历史建筑数字化谋篇布局。

该标准共计十一章，包括定位、目标、依据、相关概念、普查、数据采集、数据处理、数据归档和管理等内容，提出了普查建档、数据采集、数据处理以及数字化管理等4个阶段的技术路线，明确了普查建档的格式要求、数据采集的标准参数以及数据处理和数字化管理的技术手段等。

2. 一套历史建筑线索分等定级评价体系

为科学认定历史建筑，做到应保尽保，珠海制定了基于30A的《历史建筑线索评价体系》（下称《评价体系》），为数字化保护对象的确认与历史建筑名录的公布提供技术支撑。

《评价体系》包含历史、科学、艺术及社会人文4个价值领域，合计20个评价因素，按权重纳入30A评价标准。《评价体系》已在珠海市历史建筑线索普查、珠海市第二批历史建筑推荐、珠海市第三批历史建筑推荐、珠海市历史建筑动态维护等项目工作中得到实践检验，取得良好的应用效果。

3. 一组高科技数字化技术集（历史建筑数字化建档）

引入RTK、倾斜摄影、三维激光扫描、三维建模、全景摄影建模等高科技手段，开展数字化保护工作。其中RTK采集历史建筑的地理坐标；倾斜摄影获取历史建筑及周边环境的整体情况；三维激光扫描采集建筑结构信息；三维建模与全景摄影建模用于展示历史建筑室内外场景。至2019年，珠海已完成500多处历史建筑线索的基础档案建设，完成了68处历史建筑的详细数字化档案建设。

4. 一个历史建筑数字化管理信息系统（一张图）

为加强历史建筑数字化成果与规划管理工作的统筹、协调，珠海搭建了历史建筑一张图，包括1个GIS数据库和2个应用：

一是根据《标准》和《评价体系》，建立了历史建筑线索GIS数据库，系统管理历史建筑的二、三维数据，并实现上述信息的即时查询。

二是以数据库为基础，开发两套应用。（1）以控制性详细规划为底图，在珠海市城乡规划建设一体化平台，设置历史建筑专题，实现前述信息在不同规划管理部门、不同业务流程的调用，为规划管理服务；（2）利用网络平台，建设历史建筑电子地图，向市民发布和推送历史建筑的图文简介与三维漫游等展示内容等。

3.1.5 数字化工作与历史建筑保护的整体发展形势的结合

历史建筑数字化工作不是孤立的工作内容，需要把历史建筑数字化工作与历史建筑保护的整体发展形势结合，一方面要利用先进的数字化技术手段加强对历史建筑的保护力度，另一方面也需要从历史建筑保护的现实状况出发，制定数字化工作的侧重点，有目的有节奏地推进工作，强调数字化工作的实用性和现实性。

历史建筑基本信息的数字化、海量空间三维数据的快速获取和有效管理成为可能，珠海的历史建筑保护工作引入三维激光扫描、GIS数据库等新技术，逐步建立以数字化平台为工作基础的历史建筑保护工作体系，获得了很好的实践效果。在历史建筑数字化保护工作，珠海强调数字化工作与历史建筑保护的整体发展形势结合，在符合国家与广东省对历史建筑保护提出的保护精神与保护要求的基础上，认清本市保护工作的发展阶段，结合珠海总体的经济社会和文化发展状况，有序有重点地逐步推进工作。

3.1.6 拓展数字化成果的应用形式，加强数字化系统的实用性

历史建筑数字化保护的成果不但要与现行的管理系统有效衔接，还要实现更广泛的应用尝试。珠海在历史建筑数字化保护体系的结构搭建、信息管理与更新、功能界面设计等方面不断优化与拓展，主要包括以下几方面：

第一，辅助规划管理，为多规融合的进一步深化提供辅助手段，加快档案调用浏览速度，提升政府部门的管理、监督效率。

第二，辅助历史建筑保护工作的监督监管，为风貌控制、更新活化等方面的工作提供更详实的图档依据和更先进的技术手段。

第三，以历史建筑数字档案为基础进行宣传品制作，进一步促进实现历史建筑基础知识和保护条例的推广宣传。

第四，历史建筑虚拟现实在线三维展示，利用生动有趣的数字化和网络技术手段，调动人民群众对历史建筑保护的兴趣和主动性，进一步扩大实现公众参与。

3.2
标准先行

为科学合理地开展珠海历史建筑数字化保护工作，珠海组织编制了历史建筑数字化的相关地方标准，历史建筑数字化工作以标准先行、有点及面的原则有序开展（图3-2）。

珠海于2015年开始启动历史建筑遗产的数字化保护策略案例研究与相关标准编制工作，选取珠海市内具有代表性的3处历史建筑遗产进行试验性的数字化测绘，基于实际案例的分析，制定保护目标与策略，提出对珠海市整体的历史建筑遗产数字化保护的工作方案建议；并针对不同的保护对象，制定有针对性的工作流程和步骤。

2016—2018年，珠海以该工作标准指导实施了第一批、第二批历史建筑的数字化建档，并结合具体实践和技术发展情况，按照不同的发展阶段、经济技术水平，对珠海历史建筑数字化和存档的相关技术标准进行调整、补充、固定，使数字化标准更加贴合珠海实际，使数字化建设发挥更大的作用，形成了珠海历史建筑数字化保护的地方标准。

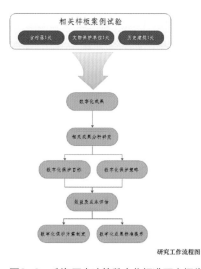

图3-2 珠海历史建筑数字化标准研究报告

在广东省住房和城乡建设厅的指导下，珠海积极梳理、总结历史建筑数字化保护的实践经验，逐步形成标准化、规范化的技术标准，面向全省乃至全国推广。2018年，珠海作为历史建筑数字化保护的先行者之一，参与编制了《广东省历史建筑数字化技术规范》DBJ/T 15-194—2020《广东省历史建筑数字化成果标准》DBJ/T 15-195—2020两部广东省工程建设地方标准，珠海经验得到进一步的提炼优化，为更多地区的历史建筑数字化提供技术标准指引。2019年，珠海启动团体标准《历史建筑数字化工作指南》的编制工作，珠海经验得到进一步的推广宣传。

3.2.1 《珠海历史建筑数字化建档保护技术标准》内容简介

《珠海历史建筑数字化建档保护技术标准》的总体目标是"健全档案、加强管理、教育宣传"。

《珠海历史建筑数字化建档保护技术标准》的适用范围广泛，包括珠海市内已公布的历史建筑、历史建筑线索以及与参照历史建筑标准公布的其他保护类建筑，如传统风貌建筑、改革开放优秀建筑等。此外，历史文化名镇名村、各级历史文化街区、历史地段、传统村落、历史风貌区的数字化采集建档工作，也可参照本标准执行。对于以上对象，在其普查、名录制定、保护范围划定、建档、规划管理、抢救性保护、修缮维护以及活化利用等各层面工作中，都可参照该标准所制定数字化采集建档标准，具有较强的指导价值。

《珠海历史建筑数字化建档保护技术标准》共计十一章，包括总体目标、适用范围、参考依据、术语、历史建筑建档总体技术路线和标准、现场测量工作标准流程、三维点云原始数据及成果数据的技术标准、测绘数据实用化处理技术流程、历史建筑测绘图绘制标准、测绘成果质量简称与验收、标准修订等内容，明确了从历史建筑线索普查、历史建筑名录编制、历史建筑（数字化）保护规划建设、后续应用等阶段的技术路线、工作内容与成果深度，为珠海历史建筑数字化保护工作提供系统、科学的技术标准指引（图3-3）。

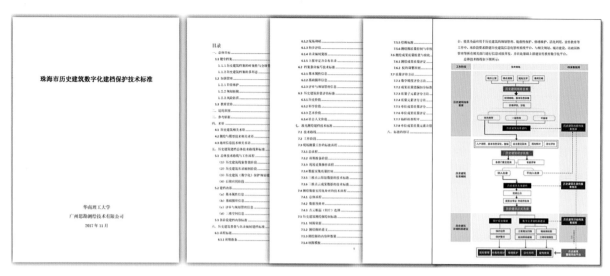

图3-3 珠海历史建筑数字化标准编制成果

3.2.2 创新性

珠海以《珠海历史建筑数字化建档保护技术标准》为指导完成了第一、二批历史建筑的数字化保护工作，为珠海历史建筑的保护建立了坚实的基础。

《珠海历史建筑数字化建档保护技术标准》的编制填补了珠海历史建筑数字化建档工作指引空白，首次对历史建筑数字化档案建设工作做出统一规范和指引。其次，《珠海历史建筑数字化建档保护技术标准》推动了珠海市历史建筑保护事业良性健康发展，提出了历史建筑数字化建档宜采用的技术手段，促进了历史建筑数字化建档与先进技术的融合，引导历史建筑数字化相关领域技术革新，催生历史建筑数字化领域新技术的出现，推动历史建筑数字化建档与保护工作不断向前发展。

1. 从无到有，填补空白

《珠海历史建筑数字化建档保护技术标准》是珠海首部针对历史建筑数字化保护工

作的技术标准，填补了历史文化保护体系中的空白，是新技术在历史文化保护工作中成功应用的体现，后续可为其他历史文化建筑遗产（包括历史文化名城名镇名村、各级历史街区、历史地段、传统村落、历史风貌区）的数字档案建设工作提供技术参考依据。

2. 多专业的技术集成

《珠海历史建筑数字化建档保护技术标准》以建筑学的专业视角，从历史建筑遗产保护的需求出发，综合建筑、测绘、地理信息系统、管理学等多学科知识，针对不同保护阶段、不同建筑类型的数字化建档提出针对性的建议指引，避免了同一的、扁平化的、机械性的数字化建档工作，极大地提高了工作效率。

3. 全生命周期的数字化建档

《珠海历史建筑数字化建档保护技术标准》从全生命周期的角度出发，以历史建筑的特色价值为核心，面向历史建筑普查、认定、建档、名录编制、名录公布、展示、共享等全生命周期的数字化保护指引。

3.3
认定评价

2014—2015年，珠海组织开展了《珠海市历史建筑保护名录》的编制工作，完成了全市第一批184处历史建筑线索的基本档案建设。为进一步推动历史建筑的价值认定、分批公布工作，做到应保尽保，珠海于2016年对第一批184处历史建筑线索进行了情况复核与分等定级，根据历史建筑的历史、艺术价值等，将历史建筑线索分成优先推荐等级别，为珠海市历史建筑的评选与公布奠定了坚实的基础。在此过程中，珠海总结出一套历史建筑价值量化评价体系，为后续的历史建筑普查、评选、公布等工作提供了科学指引，为数字化保护对象的确认提供了技术支撑。

2015年至2019年，珠海利用历史建筑线索分等定级体系完成了600多处历史建筑线索的价值评估与名录推荐，其中优先推荐线索200多处，一般推荐线索300多处，为珠海历史建筑的分批公布与数字化保护对象的遴选提供了科学的参考依据。

3.3.1 历史建筑的量化评价体系

为了使历史建筑的评价更为客观与直观，珠海制定了历史建筑的量化评价体系，设定了30个历史建筑价值评估因子，通过计算机进行数据统计分析，对历史建筑线索进行分等定级，为珠海历史建筑的评估筛选与正式名录编制提供基本参考。

珠海历史建筑的分等定级评价体系主要分为两大部分。

第一是以历史建筑线索自身价值为评估对象对历史建筑的价值进行评估，包含历史价值、科学价值、艺术价值、社会人文价值4大类20条评价内容，每项评价内容得分为0~2A，共计30A（图3-4）。

第二是对历史建筑线索进行分等定级，根据评估得分多寡，将历史建筑线索分为优先推荐、一般推荐与不推荐三个级别，不同级别对应不同的后续保护建议。

1. 价值评估

（1）历史价值

历史价值主要指历史建筑线索作为历史见证的价值，是历史建筑最重要的价值组成部分，分值占比最重。

此项评分具体内容包括历史久远度、历史事件的实物载体、建筑师或营造商典型作品、名人故旧居或纪念性建筑、历史功能延续性或置换性、地域文化、建筑历史构件的

编号	建筑名称		历史价值									科学价值				艺术价值				社会人文价值		
			历史久远度		名人故居、旧居或纪念性建筑		历史功能延续性或置换性	地域文化	建筑历史构件的原真性	技术史的典型意义	艺术史的典型意义	结构技术	施工工艺	材料构造	科学价值罕有程度	建筑整体艺术及风格特色	建筑细部装饰与工艺	园林建筑及配景特色	艺术价值罕有程度	城市、街区集体记忆	地标性	非物质文化遗产载体
		总得分	建筑最早修建年代1840-1911年	建筑最早修建年代1912-1949年	与著名历史人物有关的建筑；历史人物指在全国、广东、珠海市或海外有影响力的名人	与历史人物生平有关联的建筑；历史人物指有地方性影响的人士	建筑历史功能（可）较好地延续，或历史功能能（可）较好地置换成其他合理功能	与特定时期的政治、经济、社会等的文化背景有直接或间接的关系，反映地域典型的文化	保留了原有材料、构造、工艺的特色	建筑各方面所反映的技术特点具有科技史的典型意义	建筑各方面所反映的艺术特点具有艺术史典型意义	建筑的结构技术突出	建筑的施工工艺水平精湛	建筑使用的材料或构造技术突出	评估过程中发现的拥有上述科技价值的建筑数量非常稀少	建筑外观或室内所反映的整体建筑风貌特色突出	建筑外观或室内细部与工艺的特色突出	与建筑有密切关系的围墙、院门、小品、植物或庭院的特色突出	在评估过程中发现的拥有上述艺术价值的建筑数量非常稀少	是本市或所在社区公认的集体记忆，因象征、精神、感情、怀旧等原因而具有特殊意义	公认的视觉上的重要地标，或视觉形象突出，或在城市、社区中地理位置特殊	作为某种非物质文化遗产（或普通民俗）的实物载体
		30	AA	A	AA	A	A	AA	AA	AA	AA	AA	AA	AA	A	AA	AA	A	A	AA	A	A
ZH_03_0001	那洲梁公祠	17	AA				A	AA	AA	A	A		A	A		AA	A			AA	A	
ZH_03_0002	那洲一村 52 号民居	16	AA				A	AA	AA	A	A		AA	A		AA	AA					
ZH_03_0003	那洲一村 67 号民居	16	AA				A	AA	AA	A	A		AA	A		AA	AA					
ZH_03_0004	那洲一村 158、159 号民居	16	AA				A	AA	AA	A	A		AA	A		AA	AA					
ZH_03_0005	那洲五村 183 号祠堂	16	AA					AA	AA	A	A		A	A		AA	A			AA	A	
ZH_03_0006	那溪东庙	22	AA				A	AA	AA	A	AA		AA	AA		AA	AA	A		AA	A	
ZH_03_0007	淇澳村南腾街街市亭	16		A			A	AA	AA	A	A		A	A		AA	A			AA	A	
ZH_03_0008	淇澳村南腾街 83、85、87 号祠堂	19	AA				A	AA	AA	A	A		AA	A		AA	AA			AA	A	
ZH_03_0009	淇澳村仲亮钟公祠	18	AA				A	AA	AA	A	A		A	A		AA	AA			AA	A	
ZH_03_0010	鸡山村石坑桥	16	AA				A	AA	AA	A		A	A	A		A	A			AA	A	
ZH_03_0011	鸡山村松鹤唐公祠	20	AA				A	AA	AA	A	A		AA	A		AA	AA	A		AA	A	
ZH_03_0012	鸡山村珠海唐公祠	22	AA				A	AA	AA	AA	AA		AA	AA		AA	AA			AA	A	
ZH_03_0013	鸡山村石屏唐公祠	22	AA				A	AA	AA	AA	AA		AA	AA		AA	AA			AA	A	
ZH_03_0014	鸡山村粤台祠	18	AA				A	AA	AA		A		AA	A		AA	AA			AA	A	
ZH_03_0015	外沙村吉堂家塾	15	AA				A	AA	AA		A		A			AA	A			AA	A	
ZH_03_0016	东岸村黄公祠	16	AA				A	AA	AA		A		A			AA	AA			AA	A	
ZH_03_0017	东岸村黄氏大宗祠	18	AA				A	AA	AA		AA		A	A		AA	AA			AA	A	
ZH_03_0018	东岸村古井与寨墙	15	AA				A	AA	AA	A			A	A		A		A		AA	A	
ZH_03_0019	东岸村季乐黄公祠	21	AA				A	AA	AA	A	AA		AA	AA		AA	AA			AA	A	
ZH_03_0020	东岸村圣堂庙	19	AA				A	AA	AA	A	A		AA	A		AA	AA			AA	A	
ZH_03_0021	下栅村金山巷 7 号商铺	17		A			A	AA	AA	A	A		AA	AA		AA	AA	A				
ZH_03_0022	下栅村金山巷 12 号商铺与货楼	17		A			A	AA	AA	A	A		AA	AA		AA	AA	A				

图3-4 珠海历史建筑量化评分表

原真性等7个分项，其中有3项为"直认"❶，体现对该项价值的高度认可，包括"与珠海市的历史建筑或社会经济文化发展的重大事件有密切关系""国际或国内著名建筑师、营造商的作品""与著名历史人物（在全国、广东、珠海或海外有影响力的名人）有关的建筑"，例如邓小平在南方视察时曾到访并留下"珠海特区好"的珠海宾馆等。

（2）科学价值

建筑是工程技术的产物，是一个时期的建造技艺、材料构造的发展水平的集中体现，历史建筑即是过去建筑科学的重要案例遗存，具有一定的科学研究价值。

此项评分具体内容包括技术史的典型意义、艺术史的典型意义、结构技术、施工工艺、材料构造、科学价值罕见程度等6个分项。

（3）艺术价值

建筑除了是一门技术，更是一门艺术，其造型、装饰等均体现着时代潮流与建筑主人的审美情趣，如端庄的造型、精致的窗花、富丽堂皇的木雕屏风等，历史建筑的艺术性是最突出的、也是人们最容易感受到的价值要素。

此项评分具体内容包括建筑整体艺术及风格特色、建筑细部装饰与工艺、园林建筑及配景特色、艺术价值罕见程度等4个分项。

（4）社会人文价值

历史建筑的社会人文价值是容易被忽视的价值要素，部分历史建筑的保护价值不仅在于自身，更在于其对所在环境所作出的贡献与产生的积极影响，将此想纳入历史建筑的价值评估体系，体现了珠海在历史建筑价值评定方面的全面性。

此项评分具体内容包括城市街区集体记忆、地标性、非物质文化遗产载体等3个分项（表3-1）。

---

❶ "直认"即如果该历史建筑线索符合本条评估内容，可不考虑其他评估项的得分情况，直接推荐为"优先推荐评级"。

珠海历史建筑价值评分表 表3-1

评估类别	评估内容	评估项目	评估分级
历史价值	历史久远度	建筑最早修建年代1840—1911年	好（2）、较好（1）、一般（0）
		建筑最早修建年代1912—1949年	好（1）、一般（0）
	历史事件的实物载体	与珠海市的历史或社会经济文化发展的重大事件有密切关系	直认
	建筑师或营造商典型作品	国际或国内著名建筑师、营造商的作品	直认
		可考证的建筑师或营造商	好（1）、一般（0）
	名人故居、旧居或纪念性建筑	与著名历史人物有关的建筑；历史人物指在全国、广东省、珠海市或海外有影响力的名人	直认
		与历史人物生平有关联的建筑；历史人物指有地方性影响的人士	好（1）、一般（0）
	历史功能延续性或置换性	建筑历史功能可较好地延续，或历史功能可较好地置换成其他合理功能	好（1）、一般（0）
	地域文化	与特定时期的政治、经济、社会等的文化背景有直接或间接的关系，反映地域典型的文化	好（2）、较好（1）、一般（0）
	建筑历史构件的原真性	保留了原有材料、构造、工艺的特色	好（2）、较好（1）、一般（0）
科学价值	技术史的典型意义	建筑各方面所反映的技术特点具有技术史的典型意义	好（2）、较好（1）、一般（0）
	艺术史的典型意义	建筑各方面所反映的艺术特点具有艺术史的典型意义	好（2）、较好（1）、一般（0）
	结构技术	建筑的结构技术突出	好（2）、较好（1）、一般（0）
	施工工艺	建筑的施工工艺水平精湛	好（2）、较好（1）、一般（0）
	材料构造	建筑使用的材料或构造技术突出	好（2）、较好（1）、一般（0）
	科学价值罕有程度	评估过程中发现的拥有上述科技价值的建筑数量非常稀少	好（1）、一般（0）
艺术价值	建筑整体艺术及风格特色	建筑外观或室内所反映的整体建筑风貌特色突出	好（2）、较好（1）、一般（0）
	建筑细部装饰与工艺	建筑外观或室内细部与工艺的特色突出	好（2）、较好（1）、一般（0）
	园林建筑及配景特色	与建筑有密切关系的围墙、院门、小品、植物或庭院的特色突出	好（1）、一般（0）
	艺术价值罕有程度	在评估过程中发现的拥有上述艺术价值的建筑数量非常稀少	好（1）、一般（0）
社会人文价值	城市、街区集体记忆	是珠海市或所在社区公认的集体记忆，因象征、精神、感情、怀旧等原因而具有特殊意义	好（2）、较好（1）、一般（0）
	地标性	公认的视觉上的重要地标，或视觉形象突出，或在城市、社区中地理位置特殊	好（1）、一般（0）
	非物质文化遗产载体	作为某种非物质文化遗产（或普通民俗）的实物载体	直认

2. 分等定级

（1）优先推荐

历史建筑线索价值评估得分在15A及以上（含得分直认）的，划入优先推荐级别，优先推荐为后续历史建筑正式名录公布的备选名单，优先保护。

（2）一般推荐

历史建筑线索价值评估得分为8～14A的，划入一般推荐级别，暂缓推荐为后续历史建筑正式名录公布的备选名单，继续保留其为历史建筑线索，纳入历史建筑预保护名录进行保护。

（3）不推荐

历史建筑线索价值评估得分为0～7A的，划入不推荐级别，此类建筑一般历史风貌受损严重、保护价值较低，从历史建筑线索名单中剔除。

3.3.2 小结

珠海历史建筑价值量化评价体系有以下优点：

第一，基于对历史建筑价值的正确认识，按不同权重纳入历史价值、科学价值、艺术价值与社会人文价值4个领域的价值评估，保证了价值评估的全面性与科学性。

第二，将历史建筑价值的评估工作进行量化设计，建立统一标准，增加价值评估工作的可操作性与客观性。

第三，历史建筑线索的级别划分与后续保护工作一一对应，实用性强，有效指导历史建筑资源的分级保护。

诚然，历史建筑保护名录的确定除了关注历史建筑自身的价值，同时还需要考虑其保护的迫切性、业权人的意见等其他影响因素，并非一个简单的数据统计过程。历史建筑线索分等定级体系的优势在于其为名录评选提供了一个最基础、最直观的价值判断标尺。

数字化档案建设与管理应用

3.4.1 数字化档案建设

历史建筑的数字化测绘与详细档案建设是珠海历史建筑数字化保护的核心工作。历史建筑的数字化详细档案不仅是对历史建筑与周边环境的现状价值风貌的详细记录，更是为历史建筑的保护规划、修缮设计、活化利用等提供了可靠的基础资料，让保护工作有据可依、有档可查。

珠海自2016年起开展第一批历史建筑的数字化测绘，至2019年基本完成第一、二批历史建筑共92处的数字化测绘、详细档案建设与200多处历史建筑线索的基本数字档案建设与8处传统村落的实景模型建设。

珠海引入载波相位动态实时差分技术、三维激光扫描技术、无人机航拍与照相建模技术等一组高科技数字化技术集来落实历史建筑数字化详细建档工作，成果内容除了二维的现状照片、正摄图、建筑现状测绘图纸外，还包括三维的档案数据如历史建筑现状三维点云数据、三维实景模型、全景漫游数据等。

1. 基础信息数据

珠海为每处历史建筑建立了一张基础信息表（图3-5），记录了历史建筑的编号、名称、地址、面积、保存现状、价值评估、业权人等基本信息，作为每栋历史建筑"身份识别"的依据，并利用GIS软件将历史建筑的基本信息与建筑的地理信息相关联，导入现行规划信息数据库，实现历史建筑信息的系统化管理。

详表：珠海珠海市历史建筑调查（录入登记表）

编号	ZH_01_0005	建筑名称	嗜老佘公祠	名称沿革					
自编号	ZH		地址	高新区唐家湾镇官塘社区长塘东巷					
建筑评级	B	A 不可移动文物:	B 历史建筑	B1 优先推荐历史建筑	B2 一般推荐历史建筑	C 不推荐为历史建筑			
类别	1 宅第民居	2 坛庙祠堂	3 书院会馆	4 店铺作坊	5 牌坊影壁	6 亭台楼阙			
	7 寺观塔幢	8 苑囿园林	9 桥涵码头	10 堤坝渠堰	11 池塘井泉	12 其他古建筑			
	A 历史事件或重要机构旧址	B 历史事件纪念地及纪念设施	C 名人故、旧居	D 传统民居	E 宗教建筑	F 名人、烈士墓纪念设施			
	G 工业建筑及附属物	H 金融商贸建筑	J 中华及广州老字号	K 水利设施及附属物	L 文化教育建筑及附属物	M 医疗卫生建筑			
2	N 军事建筑及设施	P 交通道路设施	Q 典型风格建筑或构筑物	R 其他近现代重要史迹及代表性建筑					
特定类型	J	A 竹筒屋/明字屋/三开间	B 近代联排住宅	C 近代集合住宅	D 近代独立住宅	E 骑楼			
		F 著名建筑师或营造商作品	G 近代公共建筑	H 碉楼	I 三间两廊村居	J 祠堂	K 其他		
建造年代	F	A1644 年以前	B 1644–1911 年	C 1911–1949 年	D 20 世纪 50–70 年代 1950–1979年	E 20 世纪 80 年代后 1980 以后	F 1840–1949 年	具体年份 1856年	
使用单位或个人		隶属	官塘社区						
所有权	B	A 国家	B 集体	C 个人					
历史功能	G	A 居住	B 商住混合	C 商业	D 办公	E 闲置空置	F 仓储	G 祭祀	H 文娱设施	I 医疗卫生
		J 教育科研	K 工业	L 文化展览	M 宗教	N 旅业	O 其他		
现状功能	G	A 居住	B 商住混合	C 商业	D 办公	E 闲置空置	F 仓储	G 祭祀	H 文娱设施	I 医疗卫生
		J 教育科研	K 工业	L 文化展览	M 宗教	N 旅业	O 其他		
结构类型	C	A 钢筋混凝土框架	B 砖混结构	C 砖木结构	D 其他				
建筑面积（m^2）	379	占地面积（m^2）	379	建筑层数	1				
建筑风格	A	A 岭南传统式	B 中西结合式	C 西方传统式	D 中国固有式	E 民族形式	F 岭南现代式	G 早期现代式	H 其他
特色工艺和构件	A 水磨青砖墙	B 清水红砖墙	C 上海批荡	D 意大利批荡	E 罐筒瓦	F 中式琉璃瓦	G 满洲窗		
	H 槛窗	I 趟栊等门口三件	J 封檐板等檐口三件	K 西式柱式或拱券	L 西式山花	M 西式栏杆	N 西式铁艺		
AEJPQRTU	O 新艺术装饰线条	P 斗栱	Q 灰塑	R 木雕	S 砖雕	T 石雕	U 彩画		
	V 琉璃构件	W 工业构件	X 其他						
损坏原因	A	A 正常生产或生活活动	B 不合理使用	C 不当改建加建拆除					
		D 年久失修	E 违规发掘修缮	F 其他人为因素					
历史原貌	A	A 基本保持原状	B 局部保持原状	C 全部更改					
建筑环境	B	A 建筑连续成片	B 建筑单独存在	C 被其他建筑物遮蔽					
历史环境要素	B	A 广场	B 庭院 花园	C 构筑物	D 树木	E 无			
环境氛围	B	A 人气热闹	B 环境舒适，正常使用	C 环境较差，氛围冷清	D 邻里关系尚存				
价值判断	A 反映珠海历史文化和民俗传统，具有特定时代特征和地域特色	B 建筑样式、结构、材料施工工艺或者工程技术反映地域建筑历史文化特点、艺术特色或者具有科学研究价值							
AB	C 与重要政治、经济、文化、军事等历史事件或者著名人物相关的代表性建（构）筑物	D 代表性、标志性建筑或者著名建筑师的代表作品	E 其他具有历史文化意义的建（构）筑物、市政基础设施、园林等						
备注说明		建筑师/设计单位							

（a）

Table

20171229_香洲、高新

FID	Shape *	建筑名称	编号	地址	建造年代（年）	类别	结构类
0	Polygon ZM	景福桥公祠	ZH_02_0011	香洲区南屏镇北山社区	1644-1911	坛庙祠	砖木结
1	Polygon ZM	绍庐	ZH_02_0025	高新区唐家湾镇会同社区会同五	1912-1949	近代独	砖混结
2	Polygon ZM	如彬莫公祠	ZH_02_0028	高新区唐家湾镇会同社区会同六	1644-1911	坛庙祠	砖木结
3	Polygon ZM	会同四巷12号民居	ZH_02_0027	高新区唐家湾镇会同社区会同四	1644-1911	传统民	砖木结
4	Polygon ZM	北山正街北一巷1号民	ZH_02_0005	香洲区南屏镇北山社区北山正街	1840-1949	传统民	砖木结
5	Polygon ZM	北山正街15号民居	ZH_02_0002	香洲区南屏镇北山社区北山正街1	1840-1949	传统民	砖木结
6	Polygon ZM	北山正街北二巷2号民	ZH_02_0007	香洲区南屏镇北山社区北山正街	1840-1949	传统民	砖木结
7	Polygon ZM	北山正街北二巷4号民	ZH_02_0008	香洲区南屏镇北山社区北山正街	1840-1949	传统民	砖木结
8	Polygon ZM	北山正街北二巷16号	ZH_02_0003	香洲区南屏镇北山社区北山正街	1840-1949	传统民	砖木结
9	Polygon ZM	北山正街北二巷18号	ZH_02_0004	香洲区南屏镇北山社区北山正街	1840-1949	传统民	砖木结
10	Polygon ZM	北山北街27号民居	ZH_02_0009	香洲区南屏镇北山社区北山北街2	1840-1949	传统民	砖木结
11	Polygon ZM	北山正街北三巷26、2	ZH_02_0001	香洲区南屏镇北山社区北山正街	1840-1949	传统民	砖木结
12	Polygon ZM	北山南街15号民居	ZH_02_0010	香洲区南屏镇北山社区北山南街1	1840-1949	传统民	砖木结
13	Polygon ZM	北山正街北一巷15号	ZH_02_0006	香洲区南屏镇北山社区北山正街	1840-1949	传统民	砖木结
14	Polygon ZM	南屏东大街15号民居	ZH_02_0014	香洲区南屏镇南屏社区东大街15	1644-1911	传统民	砖木结
15	Polygon ZM	盛茂容公祠	ZH_02_0013	香洲区南屏镇南屏社区长房街	1644-1911	坛庙祠	砖木结
16	Polygon ZM	南屏卓斋街19号民居	ZH_02_0016	香洲区南屏镇南屏社区卓斋街19	1912-1949	近代独	砖木结
17	Polygon ZM	濂溪容公祠	ZH_02_0015	香洲区南屏镇南屏社区西大街32	1644-1911	坛庙祠	砖木结
18	Polygon ZM	容星桥故居	ZH_02_0012	香洲区南屏镇南屏社区长房街9号	1912-1949	名人故	砖混结
19	Polygon ZM	界涌三王庙	ZH_02_0017	香洲区前山街道界涌社区北大街	1644-1911	坛庙祠	砖木结
20	Polygon ZM	杨公亭	ZH_02_0018	香洲区前山街道界涌社区界涌村	1840-1949	其它古	钢筋混
21	Polygon ZM	钱堂杨公祠	ZH_02_0020	香洲区前山街道界涌社区横街街	1644-1911	坛庙祠	砖木结
22	Polygon ZM	会同五巷22号民居	ZH_02_0026	高新区唐家湾镇会同社区会同五	1644-1911	传统民	砖木结
23	Polygon ZM	唐家兰言巷5号民居	ZH_02_0031	高新区唐家湾镇唐家社区兰言巷5	1644-1911	传统民	砖木结
24	Polygon ZM	唐家太平里五巷3号民	ZH_02_0041	高新区唐家湾镇唐家社区太平里	1644-1911	传统民	砖木结
25	Polygon ZM	东亚唐公祠	ZH_02_0036	高新区唐家湾镇唐乐社区中心社1	1644-1911	坛庙祠	砖木结
26	Polygon ZM	唐家三角巷11号民居	ZH_02_0040	高新区唐家湾镇唐家社区三角巷1	1644-1911	传统民	砖木结
27	Polygon ZM	唐家山房路72号民居	ZH_02_0042	高新区唐家湾镇唐家社区山房路7	1644-1911	传统民	砖木结
28	Polygon ZM	唐家太和社	ZH_02_0037	高新区唐家湾镇唐乐社区大同路	1644-1911	坛庙祠	砖混结
29	Polygon ZM	唐家新地半山开井	ZH_02_0039	高新区唐家湾镇唐乐社区山尾	1644-1911	池塘井	其他
30	Polygon ZM	唐家大同路口开井	ZH_02_0038	高新区唐家湾镇唐乐社区大同路	1644-1911	池塘井	其他
31	Polygon ZM	唐溪兴故居	ZH_02_0044	高新区唐家湾镇唐乐社区太平里	1644-1911	名人故	砖木结
32	Polygon ZM	唐雄故居	ZH_02_0029	高新区唐家湾镇唐家社区凌元坊	1644-1911	名人故	砖木结
33	Polygon ZM	唐家兰言巷1、2号民	ZH_02_0030	高新区唐家湾镇唐家社区兰言巷1	1644-1911	传统民	砖木结
34	Polygon ZM	唐家医院街28号民居	ZH_02_0033	高新区唐家湾镇唐乐社区医院街2	1644-1911	传统民	砖木结
35	Polygon ZM	唐家华佗庙	ZH_02_0035	高新区唐家湾镇唐家社区边山三	1644-1911	坛庙祠	砖木结
36	Polygon ZM	唐家花王古庙	ZH_02_0034	高新区唐家湾镇唐家社区边山三	1644-1911	坛庙祠	砖木结
37	Polygon ZM	唐家边山街三巷6号民	ZH_02_0043	高新区唐家湾镇唐乐社区边山街	1644-1911	传统民	砖木结
38	Polygon ZM	唐家共励大楼	ZH_02_0032	高新区唐家湾镇唐家社区边山街	1912-1949	近代独	砖混结
39	Polygon ZM	爱庐	ZH_02_0024	高新区唐家湾镇官塘社区新村仔	1912-1949	近代独	钢筋混
40	Polygon ZM	耕隐卓公祠	ZH_02_0022	高新区唐家湾镇官塘社区上塘北	1644-1911	坛庙祠	砖木结
41	Polygon ZM	东周卓公祠	ZH_02_0021	高新区唐家湾镇官塘社区居委会	1644-1911	坛庙祠	砖木结
42	Polygon ZM	官塘新村仔二巷民居	ZH_02_0023	高新区唐家湾镇官塘社区新村仔	1912-1949	近代独	砖混结
43	Polygon ZM	梅松吴公祠	ZH_02_0019	香洲区前山街道界涌社区街市三	1644-1911	坛庙祠	砖木结

（b）

图3-5　珠海历史建筑基础信息数据

（a）单栋建筑详表；（b）信息汇总表

2. 三维点云数据

至2019年，珠海共完成第一、二批历史建筑室内外高精度三维激光测绘，测绘面积达3万m^2，建立了92处历史建筑的三维点云数据（图3-6），就如同为历史建筑做了全面的X光检查，为历史建筑的保护修缮与日常维护提供真实可靠的宝贵资料。

3. 数码影像数据

珠海采用无人机航拍、地面数码拍摄、全景摄影等方式从室外、室内、地面、空中

图3-6　珠海历史建筑三维点云数据

全方位记录历史建筑现状，共拍摄各类图像6万多幅，如同立体扫描人的体表特征，真实记录建筑物的立面、周边环境、主要空间、价值部位的形态、色彩、材质纹理等详细信息（图3-7）。

4. 测绘图数据

现状测绘图是历史建筑保护工程不可或缺的档案资料，珠海以数字化测绘技术为手段，高效、高精度地完成了第一、二批92处历史建筑的建筑现状测绘图的制作，每栋历史建筑的图纸内容包括历史建筑的平面、立面、剖面与大样详图，详细标注历史建筑的材质做法、残损情况等，就像是历史建筑的"体检报告"，清楚明了地告诉管理者们历史建筑的现状情况（图3-8）。

图3-7 珠海历史建筑影像数据

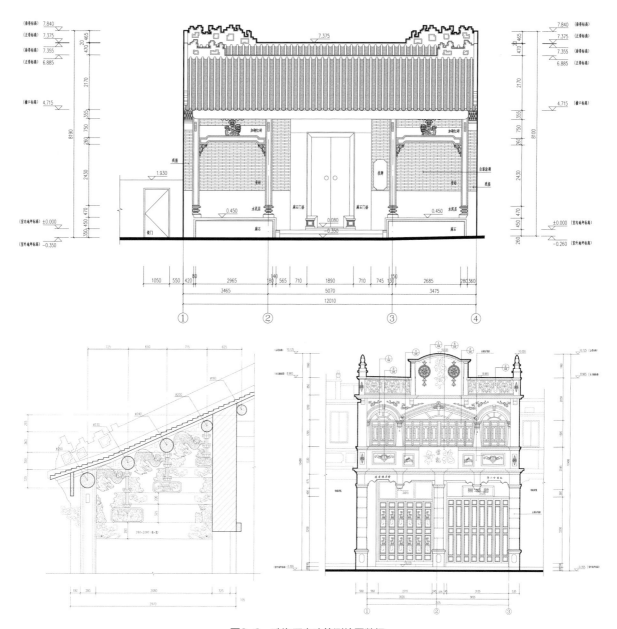

图3-8 珠海历史建筑测绘图数据

5. 亮点小结

第一，整合多项先进技术，取长补短。珠海基于对本地历史建筑资源与保护需求的正确认识，系统开展历史建筑的数字化测绘与详细建档工作，整合三维激光扫描、无人机航拍、照相建模等多项数字化测绘技术，形成一组高科技数字化技术集，针对不同的历史建筑现状信息采集对象与需求灵活应用，各有侧重，取长补短，充分发挥数字化技术的专业优势，有效提升历史建筑数字化测绘的工作效率与成果质量。

第二，建档工作有的放矢，实用性强。珠海历史建筑的数字化建档成果与现行的历史建筑保护体系紧密结合，数字档案数据衔接现有规划管理平台，数字化成果可直接应用于历史建筑的日常管理与维护工作，实用性强。

3.4.2 数字档案管理平台搭建

为了更高效地使用历史建筑数字档案，充分发挥历史建筑数字化保护的技术优势，珠海建立了一个历史建筑数字化管理信息系统，利用GIS应用技术、数据库技术、互联网技术、云计算等先进技术，提升历史建筑数字化档案的管理与调用效率，拓展历史建筑数字化档案的应用途径。

2016–2019年，珠海市完成了第一至三批历史建筑的名录编制以及第一、二批历史建筑的数字化档案建设等多项历史建筑名录建设与维护工作，成果均已纳入历史建筑管理信息系统。珠海历史建筑数字化管理信息系统内容包括一个历史建筑数据库，一个面向规划管理的应用平台。

1. 历史建筑数据库

历史建筑数据库是历史建筑数字化管理信息系统的基础，利用GIS数据库技术实现对海量历史建筑数字档案的系统管理与调用。历史建筑数据库内容包括历史建筑的坐标、四至、编号、名称、地址、类别、建造年代、权属、规模、建筑评级、功能等属性信息，与航片、现状照片、建筑本体线、保护区划、三维激光点云数据、三维模型数据、建筑测绘图等，根据建档对象的保护级别，分为历史建筑线索数字档案与历史建筑数字档案进行存储管理，并实现档案数据的动态维护。

2. 面向管理的"历史建筑一张图"

珠海在城乡规划建设一体化平台上设置历史建筑专题"历史建筑一张图"，将历史建筑数据库衔接现行控制性详细规划地图，纳入城市整体规划管理系统，实现历史建筑数字档案在不同层级规划管理层面的调用，为规划管理服务。

在遗产保护管理方面，通过历史建筑一张图，珠海实现历史建筑与历史文化名镇、传统村的统一管理，点、线、面结合，更好地保护珠海市的历史文化遗产。

在城市规划管理方面，通过历史建筑一张图将历史建筑保护有效融入规划管理各工作流程，避免了因信息更新不及时、部门协调不到位等各方面原因造成的历史建筑破坏，通过不同规划图层的相互叠加与建筑信息的即时查询，在日常规划审批过程中实现对历史建筑核心及管控范围预警，提示避让和协调，提高城市规划管理的可操作性和科学性，实现各级规划部门的联防联控，避免历史建筑数字化流于形式。

3. 小结

第一，历史建筑数字化管理信息系统解决了历史建筑数字化保护成果与现有城市信息体系的衔接问题，涵盖历史建筑数字档案的存储、管理、调用与展示等，为历史建筑数字档案的有效管理与应用提供保障。

第二，历史建筑一张图创新历史建筑数字档案的应用方式，让历史建筑档案数据与规划管理平台有机结合，实现历史建筑保护工作全生命周期的信息化与城市历史文化遗产资源的一体化管理，促进城市规划管理信息体系的进一步完善。

3.4.3　数字档案展示应用

1. 历史建筑的数字化标识

　　历史建筑标识牌是每栋历史建筑独一无二的身份证。至2019年珠海已完成第一至第二批历史建筑的挂牌工作。在珠海历史建筑标识牌上，除了标注有历史建筑的名称、编号、确定时间、确定单位外，还附有一个历史建筑二维码。市民只要用手机扫描历史建筑标识牌上的二维码，即可浏览历史建筑的数字模型，进入历史建筑三维全景漫游与语音导览，引导参观者更好地体验历史建筑的魅力，实物展示与数字化展示相结合，提升历史建筑参观的趣味性和科普性（图3-9）。

图3-9　历史建筑标识牌与数字化展示结合

2. 历史建筑电子手绘地图

　　珠海将历史建筑数字档案与互联网技术、多媒体技术、手绘图等方式结合，构建历史建筑宣传和展示数字化平台"珠海历史建筑电子手绘地图"，利用互联网进行历史建筑数字化保护成果的宣传及展示，实现公众参与。

　　珠海历史建筑电子手绘地图是一个多终端的浏览平台，平台以二维历史建筑手绘地图为基础，结合三维点云模型互动浏览、全景漫游等形式集中展示历史建筑信息与数字化成果，让公众从地面与空中、室内与室外、虚拟与现实、宏观与局部等多个角度全方位了解历史建筑的建筑特色、保护状况等信息（图3-10）。

珠海历史建筑电子手绘地图整合历史建筑二三维数字化成果，充分发挥三维点云模型、实景模型、全景漫游等三维数据直观度高、互动性强的优势，在传统二维图文介绍的基础上，增加三维虚拟现实的互动展示；大大增加了历史建筑宣传的趣味性与感染力。

珠海历史建筑电子手绘地图的发布，激起公众对历史建筑保护的参与热情，促进民间自发的历史建筑保护相关的活化利用、工作坊等，增强了珠海地区人民群众的文化自信与城市文化认同，极大地推动了珠海的整体历史文化保护工作和城市的更新活化工作。

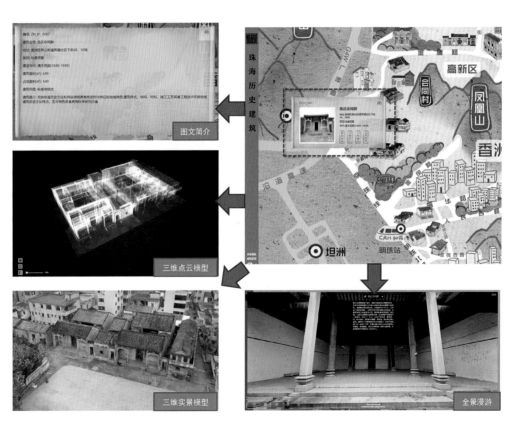

图3-10 历史建筑的数字化展示

3.5
总结与思考

3.5.1 历史建筑数字化工作与规划管理

1. 充实"多规合一"，实现资源集约化

我国的规划类型众多且关系复杂，如经济社会发展规划、城乡规划、土地利用规划、生态环境保护规划等，多种规划各有侧重、自成体系，导致规划间经常"打架"，缺乏衔接与协调。

2014年1月，住房城乡建设部下发《关于开展县（市）城乡总体规划暨"三规合一"试点工作的通知》(建规[2014]18号）。同年7月，珠海市印发《珠海市实施"五规融合"工作方案》，在广东省率先启动"五规融合"工作，积极推进国民经济和社会发展规划、主体功能区规划、城市总体规划、土地利用总体规划和生态文明建设规划五项规划的深度融合，从规划内容、信息平台、协调机制和行政管理等方面理顺"五规"关系，提出要建立统一空间规划体系，加快建设"一张图、一个信息平台、一个协调机制、一个审批流程、一个反馈机制"，实现一张蓝图管到底。

2015年，珠海启动历史建筑数字化保护工作的同时，将历史建筑数字化成果与珠海"五规合一"平台相衔接作为工作任务之一，通过建立历史建筑一张图图层，将数字化成果与现有规划图层进行整合，完善城市规划数据库的历史文化资源信息，并利用"五规合一"平台的功能实现历史建筑数字化保护，为日常规划管理提供历史建筑相关数据。

2017年9月，住房和城乡建设部下发了《关于新一版城市总体规划编制改革试点的指导意见》(建规字［2017］199号），明确提出报国务院审批总体规划的城市，要在新一版城市总体规划编制时，同步完成"多规合一"信息平台建设，突出"数字总规""量化总规"，整合其他空间规划信息，逐步实现部门协同、信息共享、项目审批、评估考

核、实施监督、服务群众的功能。

2018年，珠海在"五规合一"平台的基础上，进一步完善平台数据体系、应用体系与管理体系，形成"多规合一"平台，通过完善数据共享交换机制、完善规划协同编制模块等，深化实现城市规划的信息化统筹。

珠海历史建筑数字化成果自2016年起逐年系统导入平台数据库，逐步夯实城市规划管理数据库。在下一阶段，珠海将利用历史建筑数字化的契机，带动文物建筑及其他历史文化遗产的数字化信息建设，实现珠海市域范围内历史文化遗产的整体数字化资源入库与资源共享，实现更大范围的历史文化遗产领域的"多规合一"，实现规划资源的进一步集约化。

2. 保证规划与保护管理精细化

城市规划精细化管理不是对城市规划与精细化管理的简单结合，而是一种基于精细化管理而提高城市规划管理的手段，它是依据我国的法律法规的相关规定，分解、细化城市宏观的规划目标，以现代化信息技术管理为依托，通过科学合理的业务管理流程制定，引导、监督与控制城市土地使用的各类活动与城市建设的各向任务，从而督促城市规划走向良性发展的到来，实现整个城市空间中社会、经济与生态环境的全面有序、协同的可持续发展[1]。

珠海历史建筑的数字化建档，为保护规划与建筑修缮等提供了详实可靠的数据支撑，进一步促进了遗产管理的精细化。

其一，利用RTK、无人机航拍等技术，珠海获取了每个历史建筑的准确地理坐标以及建筑本体与周边环境的完整数据，解决了部分建筑无地形图、坐标定位不准确、周边环境信息缺失等问题，为一处历史建筑编制一个保护规划的精细化规划提供了必不可少的基础资料。

其二，利用三维激光扫描等技术，珠海获取了每个历史建筑的完整三维数据，建立

---

❶ 沈凯强. 关于城市规划精细化管理探究[J]. 建筑工程技术与设计, 2015（6）.

了完整的遗产档案，为历史建筑的日常巡查监控、定期维护、活化利用试点规划等保护管理提供了必要的工作依据。

此外，通过历史建筑数字化成果与规划管理系统的对接，利用"多规合一"平台的一张图查询功能，可迅速浏览历史建筑所在地段的总体规划、控制性详细规划、专项规划等各种规划编制成果与各种属性条件，有效提升历史建筑日常监管与保护规划编制的工作效率。

3. 行政管理审批高效化

2019年，《中共中央 国务院关于建立国土空间规划体系并监督实施的若干意见》（中发〔2019〕18号）指出，按照谁审批、谁监管的原则，分级建立国土空间规划审查备案制度。精简规划审批内容，管什么就批什么，大幅缩减审批时间，相关专项规划在编制和审查过程中应加强与有关国土空间规划的衔接及"一张图"的核对，批复后纳入同级国土空间基础信息平台，叠加到国土空间规划"一张图"上。

珠海的历史建筑数字化保护成果以"历史建筑一张图"的形式与"多规合一"平台对接，利用平台的辅助规划审批子系统，实现包括控制线管控、建设项目选址、协调会议管理等多个子功能，进一步优化完善涉及历史建筑的规划审批管理，利用多规划图层叠加，实时对规划项目进行历史建筑保护的空间分析，提高规划项目审批效率。

例如，对需要进行审批的规划方案、三维报建方案等，可将方案成果的数据导入规划管理平台的规划审批系统，与"历史建筑一张图"图层进行叠加，快速检测该方案是否与历史建筑三线（本体、保护范围、建筑控制地带）等各项规划条件冲突，实时得出分析报告，有效落实相关规划条件，切实提升规划主管部门的审批决策效率。

4. 部门信息管理平台化

在过去，不同部门之间的信息交流多通过特定的集中端口进行，这些端口常存在数据处理压力大、信息交流效率低下、服务范围小等情况，大大制约了信息的使用频次，限制了规划管理的工作效率以及规划管理信息化、系统化地发展。

要突破信息交流的瓶颈，信息管理平台化是一个优化方向。信息管理平台化的优势在于平台的设置改变了传统端口模式集中匹配的模式，信息供应方与需求方可以在平台上自行搜索匹配，改变传统的集中交换模式，打破了集中端口的信息处理能力的局限性。

历史建筑的数字档案与管理平台的建立，将信息管理平台的范围扩展到历史文化遗产工作领域，进一步消除不同部门间的信息壁垒，优化信息调用与传输的工作流程，提高历史文化遗产信息档案的使用效率。

3.5.2　历史建筑数字化工作与遗产保护

1. 遗产保护管理智能化

历史建筑的保护管理工作主要包括线索普查、名录认定、档案建设、保护规划与相关技术规范编制、修缮管理与活化利用、日常监督等方面。

历史建筑档案的管理是历史建筑保护管理的基础工作。由于历史建筑与线索的数量众多，其档案信息往往是海量的，利用数字化技术建立数字档案，再利用GIS数据库进行系统的信息档案管理，可有效提升历史建筑档案管理的系统性与智能化程度。

此外，历史建筑的数字化建档也为建筑遗产的日常巡查监管提供了可靠的工作支持。历史建筑数字档案中的建筑地址、GIS坐标等信息可帮助巡查人员迅速找到目标建筑；现状照片、实景模型等可帮助巡查人员直观核查建筑风貌的保存情况；巡查人员可在数字档案上实时登记巡查信息，实现巡查记录的高效管理。

除了日常巡查监管，对于重点监控对象，例如存在不恰当加改建倾向的或是结构存在严重安全隐患的历史建筑，可以通过历史建筑数字档案进行针对性的精细化保护管理。通过对比数字档案数据与现状巡查信息（照片比较、模型比较等），可直观判读历史建筑的风貌变更情况，及时进行历史建筑的保护预警。比如，通过比对建筑外部照片与空中实景模型，可快速判断历史建筑外部的加改建情况；通过比对三维点云模型，可发现建筑结构形变；等等。

2. 多部门信息对等化

以往由于规划、文物、建设等部门之间的信息库相互独立，部门之间掌握的信息不对等，经常造成一次简单的项目审批需要各部门之间反复沟通与多次信息交流才能完成，极大降低了管理工作效率。

历史建筑数字档案管理平台通过权限管理和信息安全制度建设，化解主管部门对信息安全的顾虑，实现数字档案的多用户同时调用，为各管理部门提供对等的决策信息支持，省去不必要的信息交换环节，大幅提升多部门联合办公的效率与质量。

此外，将历史建筑与文物、历史文化名城、名镇、街区等相关信息整合成统一的历史文化遗产数据平台，实现历史文化资源的统一管理与展示，有利于提升地方历史文化遗产保护管理的系统性与工作效率，避免重复工作或信息遗漏，并以历史建筑保护数字化建档工作为契机，推动其他历史文化遗产的数字化保护。

3. 遗产保护与活化前置化

在未来的五十年内，城市化仍然是发展大趋势，要让遗产保护跑在挖掘机之前，现状勘测建档工作刻不容缓。传统的遗产勘测建档手段在争分夺秒的村落、城市更新面前往往显得力不从心，导致许多更新项目在前期勘察阶段就存在诸多纰漏，为之后的方案设计与项目实施埋下隐患。无人机倾斜摄影、三维激光扫描等数字化手段则为我们提供了新的技术可能性，真正实现遗产保护的前置化。

在快速城市化过程中，历史建筑及周边环境的变化非常迅速，已有的地形图、航片等常常存在过时或错误的情况，使用传统的现状勘察手段难以在短时间内完成大范围的信息更新与修正，导致项目按错误的现状资料进行设计、施工，对建筑遗产造成不可逆的破坏。更令人不安的是，一些城建项目即便有破坏历史文化遗产的事实，也会因基础设施的改善和周边地价的大幅提升而成为重点项目、示范项目，继而被更多的城市更新者借鉴、模仿，形成恶性循环，致使更多城市的建筑遗产遭到破坏，当然，其中也不乏打着历史保护的名义行大拆大建之实的案例。

为避免上述悲剧再次上演，珠海利用倾斜摄影、三维激光测绘等数字化技术对历史建筑遗产进行迅速高效的信息建档与资料保存，建立覆盖全市的历史建筑数字档案，为未来的建筑与地区活化项目提供准确可靠的设计基础。历史建筑数字化保护工作的系统开展有助于为规划与设计项目前期的调研与项目决策及早提供更精准、更有效的信息，协助管理部门与设计单位进行项目预判与方向调整，变被动为主动。

3.5.3 历史建筑数字化工作与修缮活化

1. 设计施工监督精细化

修缮及活化更新是规划系统对历史建筑的管理的重要内容，同时也是历史建筑数字档案利用的重要方式，主要体现在工程前期的技术咨询服务以及修缮、活化更新工程中的数据支持、监督及验收工作。

历史建筑密度高，建筑单体小、数量多，室内外空间复杂，测绘难度高，利用传统测绘手段往往存在测绘不到位、表达不全、内容缺漏的情况。设计人员参照错误的图纸进行修缮与改造设计，施工阶段必定会面临大量与现场不符合的状况，法定的验收程序使施工人员不得不完全拆除现状以按图施工，致使历史建筑遭到永久破坏。

历史建筑的数字化测绘建档为历史建筑的修缮与活化设计、施工、工程监督的精细化提供了可行性条件。第一，三维激光测绘、高精度点云数据处理等技术手段大幅提升了建筑现状测绘图纸的精度与完整度，绘图精度达毫米级别，准确表达建筑的变形与残损情况，为修缮工程提供准确可靠的设计依据。第二，历史建筑数字档案包括建筑现状测绘图、倾斜摄影实景模型等多种建筑二维、三维数据，对历史建筑的形体特征、构件尺寸、材料工艺、价值要素等均有详尽的记录，为修缮工程提供多方面的参考信息。

历史建筑修缮维护活化项目业主方应于项目启动时向规划主管部门申请调用历史建筑数字档案中的建筑测绘信息，作为历史建筑修缮维护活化项目的必要资料与设计基础，并应遵守历史建筑保护规划中列明的"保护要求"与"合理利用建议"，杜绝暴力施工。

在项目审批、项目验收时，规划主管部门也应调取历史建筑数字档案的相关信息，与设计方案、项目施工结果进行对比分析，审核项目前后建筑变更情况是否满足相关保护要求。

2. 档案信息共享化，促进多方参与

历史建筑数字档案是历史建筑修缮活化必不可少的项目依据，实现档案信息的共享，促进多方参与，有利于进一步提高历史建筑修缮活化的工程质量。

私有业权的、规模较小的历史建筑的修缮工程多以建筑业主、使用方为主导，由于主导方非遗产保护专业人士，往往对历史建筑的价值与保护要求一知半解，以满足自身使用需求为工程目标，设计与施工由业主或小型施工队一手包办，造成历史建筑的破坏。这是典型的由于专业指引与监督的缺位而导致的遗产保护事故，应通过编制历史建筑修缮维护指引，建立历史建筑数字档案的申请调用机制，为业权人提供历史建筑修缮工程所需的基础图档、专业技术服务、项目流程指引等。

规模较大的历史建筑修缮工程，如地区性的历史建筑修缮计划或者旧村更新范围内历史建筑群的统一修缮，则多以规划主管部门或更新项目开发方为主导，历史建筑的保护修缮与地区的改造更新需求等问题交织在一起，涉及建筑业主、使用者、项目开发商、规划主管部门、文物主管部门、文保专家多个利益团体，建立历史建筑数字档案的项目组共享机制，有利于各方对项目工作对象价值的准确认知，促进遗产保护的多方参与，利用历史建筑数字档案方便传输与共享的特性，减少因信息不对等造成的交流成本与反复工作。

3. 档案建设动态化，实现全生命周期管理

历史建筑的现状随着日常生产生活、保养维护、更新改造等使用活动而发生改变，数字档案应根据历史建筑的变化情况进行及时的更新，由历史建筑主管部门定期组织档案动态维护项目，系统更新历史建筑保护与活化情况，同时应结合历史建筑修缮活化工程的申报与验收机制，及时将相关图档资料纳入历史建筑数字档案。

从历史建筑线索到正式名录，历史建筑数字档案的动态建设与历史建筑的现状保存情况、保护级别变更紧密相关，通过档案的动态建设，为历史建筑与线索的保护提供详细的基础资料，为保护措施的落实打下坚实基础，实现历史建筑全生命周期的有效管理。

3.5.4　历史建筑数字化工作与科普宣传

1. 保护与监督工作社会化

近年来，随着公众历史文化保护意识的增强与互联网与社交媒体等网络技术的飞速发展，遗产保护的公众参与逐渐成为社会的热门话题，社会团体、NGO、志愿者等成为遗产保护领域的生力军。历史建筑的保护需要公众的支持，公众参与和公众监督必不可少，历史建筑的数字化建档为此提供了可行的方式与途径。

第一，建立历史建筑数字化宣传平台，共享保护档案信息，为公众参与提供技术支持。珠海市通过历史建筑电子手绘地图平台，向社会公开历史建筑的名录与基本档案信息，通过直观生动的三维点云模型、倾斜摄影、全景漫游等虚拟展示，让公众知道历史建筑"有哪些""长什么样""有什么保护价值""应该如何保护"等，让公众对历史建筑的保护有更全面客观的了解，更好地加入遗产保护的行列中。

第二，打通历史建筑公众参与的信息沟通渠道。目前，公众与历史建筑主管部门之间的信息交流基本是单向的，行政管理部门通过电视、报纸等大众传媒与基层现场公示的方式对公众进行历史建筑的保护信息宣传，公众则通过新闻媒体、网络自媒体与信访的方式为历史建筑的保护发声，双方之间并未就历史建筑的保护工作建立稳定的、便利的双向沟通途径，影响公众参与、公众监督的效率。历史建筑数字化工作与互联网信息技术相结合，推动历史建筑公众参与平台、公众号的建立，设置历史建筑数字档案查询、意见收集与反馈等互动功能，鼓励公众积极参与历史文化遗产的发现举荐与日常监督，以数字化平台为媒介，充分调动各个行政部门、社区、地方社团、学者、居民、一般群众的积极性，实现社会全方位参与保护与监督。

2. 宣传工作科技化、趣味化

以历史建筑数字档案为基础，结合VR/AR等虚拟现实技术、互联网技术等，让历史建筑的宣传展示工作更为科技化，更具趣味性（图3-11）。

历史建筑宣传的科技化可体现在展示方式的科技化与展示内容的科技化两方面。展示方式的科技化，即利用互联网、虚拟现实等科技手段实现历史建筑的宣传。展示内容的科技化，即展示内容的技术含量高，以数字化测绘成果为主要展示内容。

历史建筑宣传的趣味化同样可体现在展示方式和展示内容两个方面。展示方式的趣味化，即充分利用基于网络的三维展示技术、虚拟现实技术等，实现观众与历史建筑数字展示内容的实时互动，丰富观众的浏览体验与感受。展示内容的趣味化，即以数字档案为基础，结合科普创意，创作为人民喜闻乐见的历史建筑展示内容，如将三维模型等数字化成果与科普动画、语音导览等相结合形成历史建筑虚拟导览等。

珠海历史建筑宣传工作的科技化、趣味化主要表现在以下方面：

图3-11　历史建筑三维展示APP

第一，历史建筑数字档案与传统宣传手段相结合，提升传统宣传方式的科技性、趣味性。在历史建筑标志牌、历史建筑宣传册等传统宣传品上设置历史建筑数字化展示二维码，观众可通过扫描二维码即可浏览历史建筑的三维数字档案，突破传统宣传手段的时空限制。

第二，搭建专门的历史建筑数字化展示平台，拓展历史建筑宣传渠道，数字化成果与数字化展示技术相结合，充分发挥历史建筑数字化保护的优势，实现历史建筑宣传工作的科技化、趣味化。珠海历史建筑数字化展示平台以历史建筑手绘地图为基础，集合各处历史建筑的数字化成果，观众通过点击相应的历史建筑图标即可浏览该建筑的三维模型、全景漫游、语音导览等。

3.6
本章小结

本章从顶层设计、技术标准、档案建设、信息管理、应用展示等方面介绍了珠海历史建筑的数字化保护工作，并对历史建筑数字化保护实践情况进行了总结与思考。珠海历史建筑的数字化保护工作启动于2015年，经过4年的踏实践行，珠海建立起自身的历史建筑数字化保护标准，以此标准完成了第一、二批历史建筑的数字档案建设，并搭建了面向内部管理与面向公众展示的历史建筑数字档案应用渠道。珠海历史建筑数字化保护的丰硕成果被广东省城市规划协会评选为2017年广东省优秀城乡规划设计奖（规划信息专项）三等奖，并通过了住房和城乡建设部科技示范项目验收，面向全国示范推广。

下篇
案例应用

第4章

珠海历史建筑概况

4.1
珠海的历史沿革与建筑遗产概况

　　珠海地处岭南的珠江三角洲，人类活动的历史源远流长，在这片富饶的土地上发展出多彩的地方文化，也为珠海留下了丰富的建筑遗产。

　　早在四五千年前的新石器时期，珠海便有原始部族聚居，在今凤凰山脉周边、珠江口附近海岛上均发现人类活动的遗址，如宝镜湾遗址❶、后沙湾遗址❷、横琴赤沙湾遗址等，出土大量生活、生产器具与居住遗址，反映了珠海先民的渔猎、采集生活。

　　"北宋末，距香山横石矶偏南约百里之釜涌境，海隅有银矿，庶民争赴开采，至有举家迁徙者，皆聚居于海边之渍地，村民晨昏轮番入矿，挖白镪甚多，皆船运至府西之彩虹坊，由官窑鼓筑成银。"❸

　　唐宋时期，随着盐业和银矿业的兴旺，珠海地区逐渐繁荣起来，形成了一些规模较大的聚落，如唐家湾、官塘湾、界涌、山场、翠微、南屏、北山等，今天已成为珠海有名的历史文化名村和传统村落。

　　明清至民国，由于大量人口的迁入、沙田的开垦、澳门开埠与海上贸易的繁荣、岐关公路的建设等，珠海得到了空前的发展，在今香洲、高新与斗门地区形成了大量的墟市（如香洲埠、虎山圩、下栅圩等）、村落与城镇，珠海目前保留下来的大量传统建筑

---

❶ 全国重点文物保护单位宝镜湾遗址，位于珠海市高栏岛西南部的宝镜湾，是一处以捕捞业为主的海岛型遗址，出土了众多新石器时代晚期至商周时期的陶器、石器、玉器、水晶器等遗物及居住遗迹，遗址附近现存5处7幅摩崖石刻岩画。宝镜湾遗址对于研究环珠江口的史前文化具有重要的标尺作用，对广东乃至华南地区古代人类生产、生活及迁徙等的研究具有重要价值。

❷ 后沙湾遗址，广东省文物保护单位，位于珠海市淇澳社区东部的后沙湾，是新石器时代的文化遗存，出土的彩陶和白陶极为罕见，是目前所知珠海最早有人类开发痕迹的地方之一，是研究古代珠海先民生产、生活的重要实物材料。

❸ 《广州府志》。

与近代建筑均建于此时，奠定了珠海建筑遗产资源的基本样貌。

及至中华人民共和国成立后的改革开放时期，珠海经济特区建立，珠海的城市面貌再次发生了翻天覆地的改变，各式高楼拔地而起，珠海二线关、拱北口岸、免税商场、珠海宾馆、"三来一补"工厂等成为珠海新的城市地标，见证着20世纪八九十年代珠海经济社会文化的发展腾飞。

4.2
珠海历史建筑概况

珠海于2015年启动历史建筑的普查与名录公布工作，截至2019年已完成六百多处建筑遗产的普查，并公布了3批次历史建筑共148处。珠海历史建筑的普查与公布是一个动态的过程，历史建筑的数字化保护工作也随着历史建筑的分批公布有序展开。

2015年，珠海对全市历史建筑资源进行了全面普查，采取村委、社区推荐与现场调研相结合的方式收集历史建筑线索信息，形成了《珠海市历史建筑保护名录》共184处，为第一批历史建筑的公布与后续批次历史建筑的评选推荐奠定了基础。2015年，珠海公布了第一批历史建筑共23处，分布在香洲、高新、斗门与金湾区，建筑类型丰富，有传统庙宇、祠堂、民居、碉楼、近代洋楼、学堂、改革开放建筑等，囊括从古到今各个时期的代表性建筑遗产（表4-1）。

珠海市第一批历史建筑

表4-1

序号	编号	建筑名称	地址
1	ZH_01_0001	官塘乡主庙❶	高新区唐家湾镇官塘社区

❶ 该处于2018年被评为珠海市第七批文物保护单位，从历史建筑保护名单中撤销。

序号	编号	建筑名称	地址
2	ZH_01_0002	鹏轩学舍	高新区唐家湾镇官塘社区
3	ZH_01_0003	康济亭	香洲区前山街道南溪社区
4	ZH_01_0004	三灶鹤舞传习展示馆	金湾区三灶镇海澄村
5	ZH_01_0005	嗜老佘公祠	高新区唐家湾镇官塘社区
6	ZH_01_0006	榕斋吴公祠	香洲区前山街道翠微社区
7	ZH_01_0007	陈氏宗祠群	香洲区前山街道界涌社区
8	ZH_01_0008	邝氏宗祠	斗门区斗门镇小濠涌村
9	ZH_01_0009	杨绍安堂	香洲区南屏镇北山社区
10	ZH_01_0010	龙舟亭	香洲区龙舟街
11	ZH_01_0011	南溪谢氏祖屋	香洲区前山街道南溪社区
12	ZH_01_0012	卓钏业故居	高新区唐家湾镇官塘社区
13	ZH_01_0013	佘振棠故居	高新区唐家湾镇官塘社区
14	ZH_01_0014	卓肥七故居	高新区唐家湾镇官塘社区
15	ZH_01_0015	毓秀古村	斗门区斗门镇南门村
16	ZH_01_0016	莫氏洋楼	金湾区三灶镇鱼弄村
17	ZH_01_0017	就业堂洋楼	金湾区三灶镇莲塘村
18	ZH_01_0018	镇边楼	斗门区斗门镇南门村
19	ZH_01_0019	定海楼	斗门区斗门镇南门村
20	ZH_01_0020	五围哨所	斗门区白蕉镇灯三村
21	ZH_01_0021	毓秀洋楼	斗门区斗门镇南门村
22	ZH_01_0022	拱北宾馆	香洲区水湾南路
23	ZH_01_0023	珠海宾馆	香洲区景山路

2017年，珠海市在原有基础上，针对北山、南屏、翠微、官塘、会同、唐家古镇、斗门旧街、大小濠涌、南门村等一系列历史文化名镇、名村进行了历史建筑线索的重点摸查，评选公布了珠海市第二批历史建筑共69处，进一步充实了珠海历史文化名镇、名村与历史文化街区的建筑遗产保护名录，推动落实各历史地段的历史风貌保护、建筑遗产资源保护管理要求（表4-2）。

珠海市第二批历史建筑 表4-2

序号	编号	建筑名称	地址
1	ZH_02_0001	北山正街北三巷26、28号民居	香洲区南屏镇北山社区
2	ZH_02_0002	北山正街15号民居	香洲区南屏镇北山社区
3	ZH_02_0003	北山正街北二巷16号民居	香洲区南屏镇北山社区
4	ZH_02_0004	北山正街北二巷18号民居	香洲区南屏镇北山社区
5	ZH_02_0005	北山正街北一巷1号民居	香洲区南屏镇北山社区
6	ZH_02_0006	北山正街北一巷15号民居	香洲区南屏镇北山社区
7	ZH_02_0007	北山正街北二巷2号民居	香洲区南屏镇北山社区
8	ZH_02_0008	北山正街北二巷4号民居	香洲区南屏镇北山社区
9	ZH_02_0009	北山北街27号民居	香洲区南屏镇北山社区
10	ZH_02_0010	北山南街15号民居	香洲区南屏镇北山社区
11	ZH_02_0011	景辉杨公祠	香洲区南屏镇北山社区
12	ZH_02_0012	容星桥故居	香洲区南屏镇南屏社区
13	ZH_02_0013	盛茂容公祠	香洲区南屏镇南屏社区
14	ZH_02_0014	南屏东大街15号民居	香洲区南屏镇南屏社区
15	ZH_02_0015	濠湾容公祠	香洲区南屏镇南屏社区
16	ZH_02_0016	南屏卓斋街19号民居	香洲区南屏镇南屏社区
17	ZH_02_0017	翠微三王庙	香洲区前山街道翠微社区
18	ZH_02_0018	杨公亭	香洲区前山街道翠微社区
19	ZH_02_0019	梅松吴公祠	香洲区前山街道翠微社区
20	ZH_02_0020	镜堂杨公祠	香洲区前山街道翠微社区
21	ZH_02_0021	东周卓公祠	高新区唐家湾镇官塘社区
22	ZH_02_0022	耕隐卓公祠	高新区唐家湾镇官塘社区
23	ZH_02_0023	官塘新村仔二巷民居	高新区唐家湾镇官塘社区

数字记忆——珠海市历史建筑数字化保护理论与实践

序号	编号	建筑名称	地址
24	ZH_02_0024	安庐	高新区唐家湾镇官塘社区
25	ZH_02_0025	绍庐	高新区唐家湾镇会同社区
26	ZH_02_0026	会同五巷22号民居	高新区唐家湾镇会同社区
27	ZH_02_0027	会同四巷12号民居	高新区唐家湾镇会同社区
28	ZH_02_0028	如彬莫公祠	高新区唐家湾镇会同社区
29	ZH_02_0029	唐雄故居	高新区唐家湾镇唐家社区
30	ZH_02_0030	唐家半亩巷1、2号民居	高新区唐家湾镇唐家社区
31	ZH_02_0031	唐家半亩巷5号民居	高新区唐家湾镇唐家社区
32	ZH_02_0032	唐家拱勋大楼	高新区唐家湾镇唐家社区
33	ZH_02_0033	唐家医院街28号民居	高新区唐家湾镇唐乐社区
34	ZH_02_0034	唐家花堂古庙	高新区唐家湾镇唐家社区
35	ZH_02_0035	唐家华佗庙	高新区唐家湾镇唐家社区
36	ZH_02_0036	宝臣唐公祠	高新区唐家湾镇唐乐社区
37	ZH_02_0037	唐家太和社	高新区唐家湾镇唐乐社区
38	ZH_02_0038	唐家大同路口孖井	高新区唐家湾镇唐乐社区
39	ZH_02_0039	唐家新地半山孖井	高新区唐家湾镇唐乐社区
40	ZH_02_0040	唐家三角巷11号民居	高新区唐家湾镇唐家社区
41	ZH_02_0041	唐家太平里五巷3号民居	高新区唐家湾镇唐家社区
42	ZH_02_0042	唐家山房路72号民居	高新区唐家湾镇唐家社区
43	ZH_02_0043	唐家边山街三巷6号民居	高新区唐家湾镇唐乐社区
44	ZH_02_0044	唐藻兴故居	高新区唐家湾镇唐乐社区
45	ZH_02_0045	大安堂旧址	斗门区斗门镇大马路
46	ZH_02_0046	斗门茶楼旧址	斗门区斗门镇大马路
47	ZH_02_0047	协昌金山庄旧址	斗门区斗门镇大马路

序号	编号	建筑名称	地址
48	ZH_02_0048	民兴米机旧址	斗门区斗门镇大马路
49	ZH_02_0049	胜兰金山庄旧址	斗门区斗门镇大马路
50	ZH_02_0050	章荣金山庄旧址	斗门区斗门镇大马路
51	ZH_02_0051	振兴大押旧址	斗门区斗门镇大马路
52	ZH_02_0052	兆章绸匹铺旧址	斗门区斗门镇大马路
53	ZH_02_0053	小濠涌大村上九巷42号民居	斗门区斗门镇小濠涌村
54	ZH_02_0054	广泰来茶楼旧址	斗门区斗门镇小濠涌村
55	ZH_02_0055	海晏楼	斗门区斗门镇小濠涌村
56	ZH_02_0056	伯和黄公祠	斗门区斗门镇大濠涌村
57	ZH_02_0057	大庙石桥	斗门区斗门镇大濠涌村
58	ZH_02_0058	接霞庄2、4号民居	斗门区斗门镇南门村接霞庄
59	ZH_02_0059	碣石堂	斗门区斗门镇南门村
60	ZH_02_0060	爱仁堂	斗门区斗门镇南门村
61	ZH_02_0061	南门村石板街	斗门区斗门镇南门村
62	ZH_02_0062	八甲村排山村北更楼	斗门区斗门镇八甲村排山村
63	ZH_02_0063	上洲碉楼	斗门区斗门镇上洲村
64	ZH_02_0064	新乡李屋村生产大队食堂旧址	斗门区斗门镇新乡李屋村
65	ZH_02_0065	上栏洋楼	斗门区莲洲镇上栏村
66	ZH_02_0066	曰有吴公祠	斗门区白蕉镇小托村
67	ZH_02_0067	网山碉楼	斗门区乾务镇网山村
68	ZH_02_0068	网山黄氏祖祠	斗门区乾务镇网山村
69	ZH_02_0069	精华学校旧址	斗门区井岸镇北澳村

2018年，珠海启动历史文化名城的申报工作，随之启动了珠海第三批历史建筑的推荐工作。本次历史建筑的推荐工作主要涉及城市更新与三旧改造片区的抢救性普查、珠海城市名片的发掘等，结合香洲开埠、五大糖厂、古驿道等专题继续扩大历史建筑名录，能保尽保。至2019年12月，珠海正式公布了第三批历史建筑名录共57处（表4–3）。

珠海市第三批历史建筑 表4–3

序号	编号	建筑名称	地址
1	ZH_03_0001	那洲梁公祠	高新区唐家湾镇那洲村
2	ZH_03_0002	那洲一村52号民居	高新区唐家湾镇那洲一村
3	ZH_03_0003	那洲一村67号民居	高新区唐家湾镇那洲一村
4	ZH_03_0004	那洲一村158、159号民居	高新区唐家湾镇那洲一村
5	ZH_03_0005	那洲五村183号祠堂	高新区唐家湾镇那洲五村
6	ZH_03_0006	那溪东庙	高新区唐家湾镇那洲五村
7	ZH_03_0007	淇澳村南腾街街市亭	高新区唐家湾镇淇澳村
8	ZH_03_0008	淇澳村南腾街83、85、87号祠堂	高新区唐家湾镇淇澳村
9	ZH_03_0009	淇澳村仲亮钟公祠	高新区唐家湾镇淇澳村
10	ZH_03_0010	鸡山村石坑桥	高新区唐家湾镇鸡山村
11	ZH_03_0011	鸡山村松鹤唐公祠	高新区唐家湾镇鸡山村
12	ZH_03_0012	鸡山村珠海唐公祠	高新区唐家湾镇鸡山村
13	ZH_03_0013	鸡山村石屏唐公祠	高新区唐家湾镇鸡山村
14	ZH_03_0014	鸡山村粤台祠	高新区唐家湾镇鸡山村
15	ZH_03_0015	外沙村吉堂家塾	高新区唐家湾镇北沙外沙村
16	ZH_03_0016	东岸村黄公祠	高新区唐家湾镇东岸村
17	ZH_03_0017	东岸村黄氏大宗祠	高新区唐家湾镇东岸村
18	ZH_03_0018	东岸村古井与寨墙	高新区唐家湾镇东岸村
19	ZH_03_0019	东岸村季乐黄公祠	高新区唐家湾镇东岸村

序号	编号	建筑名称	地址
20	ZH_03_0020	东岸村圣堂庙	高新区唐家湾镇东岸村
21	ZH_03_0021	下栅村金山巷7号商铺	高新区唐家湾镇下栅村
22	ZH_03_0022	下栅村金山巷12号商铺与货楼	高新区唐家湾镇下栅村
23	ZH_03_0023	阳春铺村20号民居	高新区唐家湾镇 永丰社区阳春铺村
24	ZH_03_0024	阳春铺村59号民居	高新区唐家湾镇 永丰社区阳春铺村
25	ZH_03_0025	阳春铺村97号民居	高新区唐家湾镇 永丰社区阳春铺村
26	ZH_03_0026	北山村秋厓杨公祠	香洲区南屏镇北山社区
27	ZH_03_0027	北山村概轩-龙溪杨公祠	香洲区南屏镇北山社区
28	ZH_03_0028	南屏影剧院	香洲区南屏镇南屏社区
29	ZH_03_0029	南屏村青园街27号民居	香洲区南屏镇南屏社区
30	ZH_03_0030	南屏村新市街25号祠堂	香洲区南屏镇南屏社区
31	ZH_03_0031	南屏村卓斋街13号民居	香洲区南屏镇南屏社区
32	ZH_03_0032	南屏村卓斋街一巷1号民居	香洲区南屏镇南屏社区
33	ZH_03_0033	南屏村卓斋街一巷3号民居	香洲区南屏镇南屏社区
34	ZH_03_0034	南屏村卓斋街一巷4号民居	香洲区南屏镇南屏社区
35	ZH_03_0035	南屏村卓斋街一巷8号民居	香洲区南屏镇南屏社区
36	ZH_03_0036	南屏村梧岗容公祠	香洲区南屏镇南屏社区
37	ZH_03_0037	南屏村张氏宗祠	香洲区南屏镇南屏社区
38	ZH_03_0038	杨梅南故居	香洲区前山街道翠微社区
39	ZH_03_0039	翠微"里"门坊建筑群	香洲区前山街道翠微社区
40	ZH_03_0040	界涌三王庙	香洲区前山街道界涌社区
41	ZH_03_0041	界涌康公庙	香洲区前山街道界涌社区
42	ZH_03_0042	界涌西闸门	香洲区前山街道界涌社区

序号	编号	建筑名称	地址
43	ZH_03_0043	界涌村郑氏大宗祠	香洲区前山街道界涌社区
44	ZH_03_0044	界涌村九如郑公祠	香洲区前山街道界涌社区
45	ZH_03_0045	朝阳路76号石屋	香洲区香湾街道朝阳社区
46	ZH_03_0046	朝阳路107号石屋	香洲区香湾街道朝阳社区
47	ZH_03_0047	郭细记渔栏旧址	香洲区香湾街道朝阳社区
48	ZH_03_0048	新两合渔栏旧址	香洲区香湾街道朝阳社区
49	ZH_03_0049	大马路52号骑楼	斗门区斗门镇大马路
50	ZH_03_0050	乾务糖厂旧址（码头桁架及除尘塔）	斗门区乾务镇环东南路
51	ZH_03_0051	虎山村第二区82、83号商铺	斗门区乾务镇虎山村
52	ZH_03_0052	虎山村第二区112号商铺	斗门区乾务镇虎山村
53	ZH_03_0053	虎山村民兵营与众团社	斗门区乾务镇虎山村
54	ZH_03_0054	荔山村锦章书室（中精武馆）	斗门区乾务镇荔山村
55	ZH_03_0055	荔山村三驳桥	斗门区乾务镇荔山村
56	ZH_03_0056	荔山村义官黄公祠	斗门区乾务镇荔山村
57	ZH_03_0057	荔山村三益黄公祠	斗门区乾务镇荔山村

4.2.1　年代特征

在第一至第三批珠海历史建筑中，数量最多的是明清时期的岭南传统古建筑，约占建筑总数的56%，其次是清末民国时期修建的中西结合式的近代建筑，约占建筑总数的37%，中华人民共和国成立后与改革开放时期的代表性建筑约占建筑总数的7%。可见，时至今日，珠海仍保留有大量的明清时期兴建的岭南传统民居、祠堂等，这些古建筑共同构成了珠海各历史文化名镇、名村与历史文化街区的基本历史风貌。

4.2.2　分布情况

目前，珠海市已公布的第一至第三批历史建筑主要分布在香洲、高新、斗门、金湾四区。

香洲区共有历史建筑51处，集中分布在北山村、南屏村、翠微村等历史文化名村、传统村落内，以岭南传统民居、祠堂建筑为主，部分中华人民共和国成立后的代表性现代建筑分布在香湾、吉大、拱北等香洲旧城区内。

高新区共有历史建筑54处，集中分布在唐家古镇、官塘村与会同村等历史文化名镇、名村内，以近代中西结合风格民居、岭南传统民居与祠堂建筑为主。

斗门区共有历史建筑40处，分布较为分散，其中较为集中的分布点为斗门旧街与中国传统村落南门村内。斗门区的历史建筑类型较为丰富，除了传统民居、祠堂、近代民居、骑楼等常见类型，沿着斗门的内河水道还分布着多座碉楼建筑。

金湾区共有历史建筑3处，均位于三灶镇内。

4.2.3　建筑类型

珠海历史建筑的建筑类型丰富，主要包括传统祠堂、传统民居、近代洋楼、商铺骑楼、传统私塾与近代学堂、军事防御设施、建筑小品、代表性时代建筑、宗教庙宇、工业遗产、典型风格建筑及构筑物等。

1. 传统祠堂

传统祠堂是珠海市历史建筑资源的重要类型，在珠海历史建筑名单中的传统祠堂共有36处。珠海现存传统祠堂建筑多修建于明清时期，其中多为面阔三间，进深二至三进，也不乏五开间、两路并联等大型建筑（群）。建筑多用麻石、青砖等广府地区传统建筑材料，也有蚝壳墙等沿海地区特色做法。建筑墙身、梁架装饰多使用鳌鱼、浪纹等，体现珠海的海洋文化传统。

2. 传统民居

传统民居建筑是珠海历史建筑中数量最多的一种建筑类型，在珠海历史建筑名单中的传统民居建筑共有40处。珠海现存传统民居建筑多修建于明清时期，其中包括三间两廊、明字屋、三间两进天井院落式民居等多种广府民居类型。建筑多用麻石、青砖等广府地区传统建筑材料，装饰有灰塑、彩画等，部分室内保留有雕刻精美的屏风、花罩等木装修，是珠海地方文化实物遗存的典型代表，反映了地方建筑艺术的典型特色。

3. 近代洋楼

近代洋楼是最常见的近代建筑遗产类型，在珠海历史建筑名单中的近代洋楼建筑共有16处。珠海现存的近代洋楼建筑多修建于清末民国时期，风格样式多样，中西结合。建筑多高2层，砖木或砖混结构，立面则多用柱廊、拱券、几何线脚等西式元素装饰。近代洋楼建筑的广泛分布是珠海作为著名侨乡又一突出的地域特征。

4. 商铺骑楼

在珠海历史建筑名单中，共有骑楼与近代商铺16处，其中近代骑楼有9处，近代商铺建筑有7处。珠海现存的骑楼与商铺建筑多修建于清末民国时期，多为中西结合式风格，外立面装饰华丽，西洋柱式、山花、拱券与传统题材的灰塑、彩画等和谐共处，别具特色。

5. 军事防御设施

碉楼建筑是珠海市十分具有地方特色的传统历史建筑类型，在珠海市历史建筑名单中的碉楼建筑共有6处。珠海位于珠江航道的出海口，是海防重地，其间河网密布，重要的水口处、河道旁、交通要道等均布置有防御性的碉楼、炮楼。碉楼多为夯土建筑，建筑四面均设有射击口，周边或建有围墙，结构坚固。

6. 传统私塾与近代学堂

在珠海已公布的历史建筑名单中，传统私塾、近代学堂等教育类建筑共有4处。传统私塾建筑与传统祠堂、民居类似，部分兼作祠堂与教书先生的私宅，一般规模较小。近代新式学堂建筑形式较为多样，部分沿用传统私塾学堂建筑形式，部分采用新建西式洋楼建筑形式，洋楼多为砖混与砖木结构相结合，室内空间开敞明亮，校门处也使用西式山花装饰，形象突出。

7. 代表性时代建筑

代表性时代建筑是珠海市历史建筑资源中又一极具地方特色的建筑类型，在珠海市已公布的历史建筑名单中，代表性时代建筑共有4处。珠海市是改革开放时期的经济特区之一，是华南地区重要的对外贸易与经济发展试验田，拱北宾馆、珠海宾馆等代表性建筑均是珠海改革开放时期经济腾飞、社会文化高速发展的重要见证。

8. 建筑小品

建筑小品指桥、井、亭、门坊、社坛等规模较小的建构筑物。珠海历史建筑名单中的建筑小品共有12处，包括古井3处、古桥3处、亭3处、门楼2处、社坛1处。

第5章

明清时期的历史建筑

（1912年以前）

明清时期，由于战乱、迁海与海禁，大量的人口迁至珠三角沙田区，人们在此安居乐业，在珠三角肥沃的冲积平原上形成了众多农耕聚落，修建起了高大的宗族祠堂和整齐划一的民居群落，保留至今，如香洲的陈氏宗祠群、斗门的邝氏宗祠、毓秀古村等。除了祠堂和民居，这些古村内仍保留众多的古井、古桥、碉楼等，共同构成古村的历史风貌，一同被纳入珠海历史建筑名录。

5.1
传统祠堂

　　传统祠堂建筑是珠海传统建筑遗产的重要类型，分布在大小的村里乡间，数量众多。同姓村落内多合力修建一座祠堂，部分规模较大的村落或者多姓氏聚居的村落内部更建有不止一座的祠堂，例如香洲翠微村就曾有六大姓、59座祠的说法。珠海传统村落里的祠堂建筑多位于村落最前面，高大壮丽，统领村内的其他建筑，是村落的"门面担当"。在已公布的第一、二批珠海历史建筑中，共有传统祠堂36处，分布在香洲、高新、斗门各区，展现了珠海丰富多彩的祠堂建筑文化（表5-1）。

珠海历史建筑中的传统祠堂建筑　　　　　　　　表5-1

序号	编号	名称	地址
1	ZH_01_0005	嗜老佘公祠	香洲区唐家湾镇官塘社区
2	ZH_01_0006	榕斋吴公祠	香洲区前山街道翠微社区
3	ZH_01_0007	陈氏宗祠群	香洲区前山街道界涌社区
4	ZH_01_0008	邝氏宗祠	斗门区斗门镇小濠涌村
5	ZH_02_0011	景辉杨公祠	香洲区南屏镇北山社区
6	ZH_02_0013	盛茂容公祠	香洲区南屏镇南屏社区
7	ZH_02_0015	濠湾容公祠	香洲区南屏镇南屏社区
8	ZH_02_0019	梅松吴公祠	香洲区前山街道翠微社区
9	ZH_02_0020	镜堂杨公祠	香洲区前山街道翠微社区
10	ZH_02_0021	东周卓公祠	高新区唐家湾镇官塘社区
11	ZH_02_0022	耕隐卓公祠	高新区唐家湾镇官塘社区

序号	编号	名称	地址
12	ZH_02_0028	如彬莫公祠	高新区唐家湾镇会同社区
13	ZH_02_0036	宝臣唐公祠	高新区唐家湾镇唐乐社区
14	ZH_02_0056	伯和黄公祠	斗门区斗门镇大濠涌村
15	ZH_02_0066	曰有吴公祠	斗门区白蕉镇小托村
16	ZH_02_0068	网山黄氏祖祠	斗门区乾务镇网山村
17	ZH_03_0001	那洲梁公祠	高新区唐家湾镇那洲村
18	ZH_03_0005	那洲五村183号祠堂	高新区唐家湾镇那洲村
19	ZH_03_0008	淇澳村南腾街83、85、87号祠堂	高新区唐家湾镇淇澳村
20	ZH_03_0009	淇澳村仲亮钟公祠	高新区唐家湾镇淇澳村
21	ZH_03_0011	鸡山村松鹤唐公祠	高新区唐家湾镇鸡山村
22	ZH_03_0012	鸡山村珠海唐公祠	高新区唐家湾镇鸡山村
23	ZH_03_0013	鸡山村石屏唐公祠	高新区唐家湾镇鸡山村
24	ZH_03_0014	鸡山村粤台祠	高新区唐家湾镇鸡山村
25	ZH_03_0016	东岸村黄公祠	高新区唐家湾镇东岸村
26	ZH_03_0017	东岸村黄氏大宗祠	高新区唐家湾镇东岸村
27	ZH_03_0019	东岸村季乐黄公祠	高新区唐家湾镇东岸村
28	ZH_03_0026	北山村秋崖杨公祠	香洲区南屏镇北山社区
29	ZH_03_0027	北山村概轩-龙溪杨公祠	香洲区南屏镇北山社区
30	ZH_03_0030	南屏村新市街25号祠堂	香洲区南屏镇南屏社区
31	ZH_03_0036	南屏村梧岗容公祠	香洲区南屏镇南屏社区
32	ZH_03_0037	南屏村张氏宗祠	香洲区南屏镇南屏社区
33	ZH_03_0043	界涌村郑氏大宗祠	香洲区前山街道界涌社区
34	ZH_03_0044	界涌村九如郑公祠	香洲区前山街道界涌社区
35	ZH_03_0056	荔山村义官黄公祠	斗门区乾务镇荔山村
36	ZH_03_0057	荔山村三益黄公祠	斗门区乾务镇荔山村

5.1.1　陈氏宗祠群

建筑编号	ZH_01_0007
建筑名称	陈氏宗祠群
建筑地址	香洲区前山街道界涌社区下街48、50号
建筑年代	1856—1875年
建筑面积	960m^2
占地面积	960m^2
建筑结构	砖木结构

1. 建筑简介

陈氏宗祠群位于界涌村东南，建筑坐西北朝东南，前面设有宽阔的广场空地，是界涌村内建筑规模第二大的陈氏宗祠。

陈氏宗祠群修建于清同治年间，占地面积960m^2，建筑进深24.3m，面阔39.3m，高一层，由东、西两座共同组成，两座祠堂在建筑规模、建筑形制、梁架构造与建筑装饰等方面均极为相似，和而不同。东、西座陈氏宗祠均为典型的岭南广府祠堂建筑，平面格局为三间两进，由头门、天井与正堂组成。祠堂头门为珠海地区常见的敞楣式，面阔三间，进深十一架。前檐设四根麻石方柱，左右设有虾公梁与金花狮子装饰，檐下为雕刻精美的封檐板和砖雕墀头。头门心间左右为驼峰斗栱木梁架，梁架上方为鳌鱼造型水束，体现岭南地域特色。祠堂二进为正堂，面阔三间，进深十三架。前部为轩廊，博古梁架上刻有瓜果花篮等图案，寓意富足吉祥。正堂主体使用瓜柱抬梁式木梁架，后金柱间保留有博古纹饰的木雕飞罩，再无其他家具隔断，空间高敞明亮。

陈氏宗祠群目前保存情况良好，作为界涌村老人活动中心、村民文化活动室使用，日常对村民开放，是村民追忆先祖、享受闲暇时光的好去处。

2. 维则堂建祠碑记[●]

"事之需其人，尤必需其时者，如我二世乾旺公祠，有其地久矣，而时未至者。今辛未之春，父老耆绅，复言其事。惟支持非一木，动作须万金，此责任巨重，非轻容易也。于是再三绸缪，先将乾旺祖祠之余地，当族开投，众皆欣从，计得银四千余元。幸得房内子孙踊跃签题，又得银四千余元，共成美举。今观斯祠，上以妥先灵，下以联族属，禘祀烝尝之典于此而行，冠昏贺庆之仪于此而行，以序昭穆，以辨尊卑，为子孙之心不忘，亦因之而慰矣。爰书数言以记其事。"

东座祠堂的头门内现存一方"维则堂建祠碑记"，记录着清同治十年（1871年）陈氏族人集资兴建二世祖乾旺公祠的事迹，是祠堂的"身份证明"。陈氏宗祠群的修建绝非易事，陈氏族人通过认购祖地与募捐的方式筹得八千余元，举全族之力修建起了这座"上妥先灵、下联族属"的建筑。

3. 建筑现状照片（图5-1~图5-6）

图5-1　陈氏宗祠群外观

● 摘录自陈氏宗祠群内的"维则堂建次碑记"。

图5-2　维则堂建祠碑记

图5-3　东座敞榻式头门

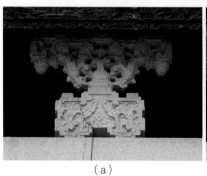

（a）

（b）

图5-4　祠堂装饰
（a）金花狮子石雕；（b）雕刻精美的
驼峰与梁头

图5-5　高敞明亮的正堂

图5-6　老人们在祠堂中
享受闲暇时光

4. 建筑三维点云模型（图5-7、图5-8）

图5-7　陈氏宗祠群三维点云模型透视图（1）

图5-8　陈氏宗祠群三维点云模型透视图（2）

5. 建筑测绘图（图5-9~图5-13）

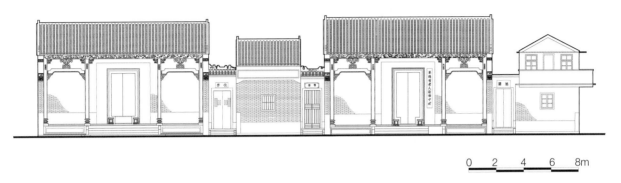

图5-9 陈氏宗祠群正立面图

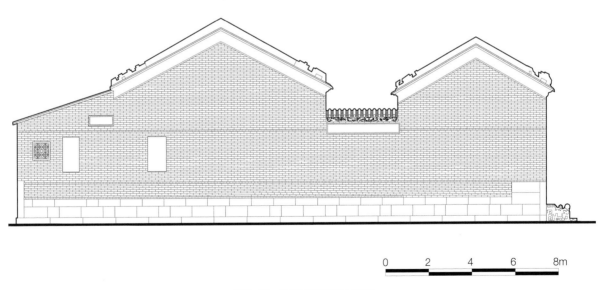

图5-10 陈氏宗祠群侧立面图

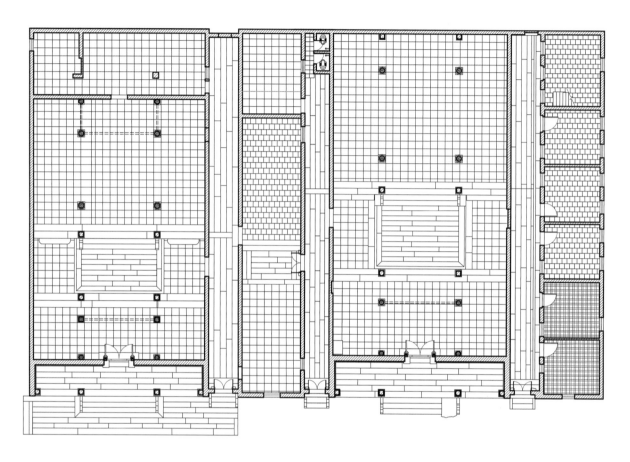

图5-11　陈氏宗祠群首层平面图

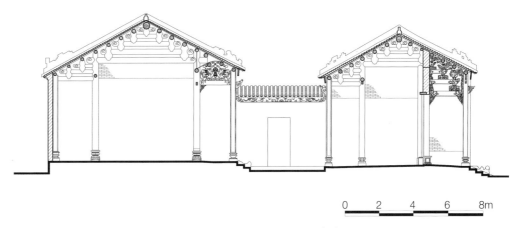

0   2   4   6   8m

图5-12　陈氏宗祠群剖面图（1）

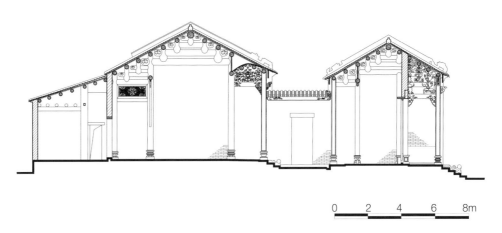

0   2   4   6   8m

图5-13　陈氏宗祠群剖面图（2）

5.1.2 邝氏宗祠

建筑编号	ZH_01_0008
建筑名称	邝氏宗祠
建筑地址	斗门区斗门镇小濠涌村委大村下十巷32号
建筑年代	1725年
建筑面积	260m²
占地面积	260m²
建筑结构	砖木结构

1. 建筑简介

邝氏宗祠位于斗门区小濠涌村内，修建于清雍正三年（1725年），是岭南地区的传统祠堂建筑。

邝氏宗祠坐东南朝西北，背面临街，前设小院，建筑面积约260m²，建筑进深21.8m，面阔12.1m，高1层。邝氏宗祠为典型的岭南广府祠堂建筑，平面格局为三间两进，由头门、天井与正堂组成。祠堂头门为珠海地区常见的敞楹式，面阔三间，进深十一架，左右设有塾台。祠堂前檐设四根石柱，柱间设有虾公梁与一斗三升石雕装饰。头门纵架为驼峰斗栱木梁架，因年久失修，局部残损。祠堂大门上刻"邝氏宗祠"4个大字，笔锋浑厚有力。祠堂二进为正堂，面阔三间，进深十二架，使用瓜柱抬梁式木梁架，前后用双步梁，梁柱构件粗壮，样式古朴。祠堂两侧外墙为蚝壳墙❶，经历百年风雨依旧屹立不倒，极具沿海地区特色。

---

❶ 珠三角一带盛产生蚝，当地人将生蚝壳拌上黄泥、红糖、蒸熟的糯米，层层堆砌起来，砌筑成坚固耐用的墙体，即为蚝壳墙。

邝氏宗祠目前保存情况一般，天井两侧过廊坍塌，多处墙体和木梁架结构残损，亟待修缮。

2. 从侯祠到抗日基地

据考，斗门邝氏先祖邝愈平之女淑丽被选为宋孝宗的皇妃，本应按皇帝圣旨兴建一座侯祠以示皇恩，奈何后来战事连绵、时局动荡，祠堂一直未得以动工，直到500多年后的清雍正三年（1725年）才终于建成，族人将宋孝宗的御赐圣旨镶嵌在祠堂头门正中的屏风上（后被盗去）。抗日战争时期，邝氏宗祠曾作为中山八区小濠涌抗日救亡的活动中心和抗日大刀队训练基地。

3. 建筑现状照片（图5-14~图5-18）

图5-14 邝氏宗祠头门

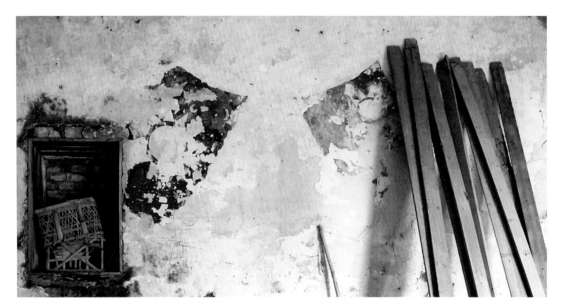

图5-15　邝氏宗祠祠堂内墙上保留着抗日战争时期第二次国共合作的宣传彩绘

图5-16　正堂内粗壮的木梁架

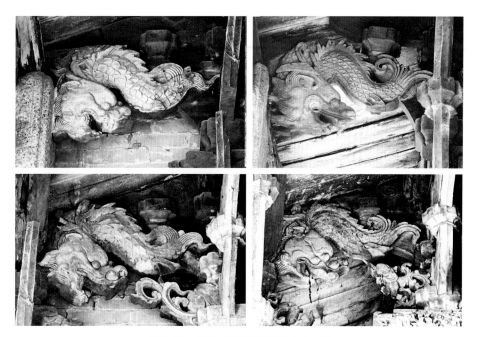

图5-17　邝氏宗祠祠堂的鳌鱼水束木雕

图5-18　邝氏宗祠祠堂的蚝壳墙

4. 建筑三维点云模型（图5-19~图5-22）

图5-19　邝氏宗祠三维点云模型透视图

图5-20　邝氏宗祠建筑剖面点云图

图5-21　鳌鱼木雕点云图

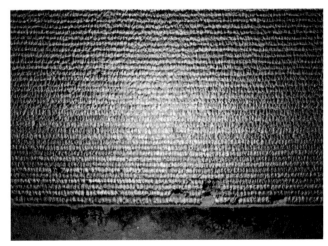

图5-22　蚝壳墙点云图

5. 建筑测绘图（图5-23～图5-27）

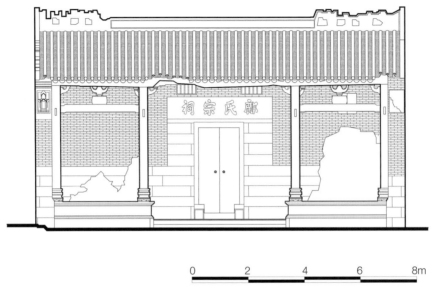

```
0        2        4        6        8m
```

图5-23　邝氏宗祠正立面图

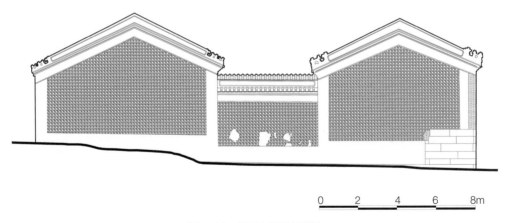

```
0        2        4        6        8m
```

图5-24　邝氏宗祠侧立面图

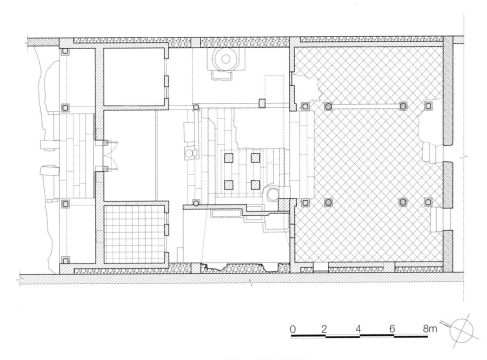

图5-25 邝氏宗祠首层平面图

0　2　4　6　8m

图5-26 邝氏宗祠剖面图

0　2　4　6　8m

图5-27 邝氏宗祠头门梁架大样图

5.1.3 网山黄氏祖祠

建筑编号	ZH_02_0068
建筑名称	网山黄氏祖祠
建筑地址	斗门区乾务镇网山村五巷9号侧对面
建筑年代	1765年
建筑面积	443m²
占地面积	443m²
建筑结构	砖木结构

1. 建筑简介

　　网山黄氏祖祠是网山黄氏的一族之祠，建筑规模为村中祠堂之最，位于网山村口迎阳门旁，前有宽阔的广场空地，旁边建有武帝殿，是网山村最重要的公共空间。

　　祖祠建筑原为面阔三间、深三进的典型广府祠堂，到了20世纪的人民公社时期，被改造为村公社食堂，第二进的天井与厅堂被拆除，加盖木屋盖，形成通畅的大空间。

　　近年来，网山黄氏祖祠被修葺一新，现在的祖祠，巧妙融合了岭南祠堂和人民公社时期食堂大空间的结构和空间意象，既保留了祠堂的基本格局，以结构装饰体现出广府祠堂的典型建筑特色，又反映了人民公社时期斗门地区村落公共空间改造历程，两者和谐共处，是研究珠海祠堂文化、人民公社时期社会发展以及网山村黄氏家族发展史的重要实物资料，是一处珍贵的复合历史文化遗产。

2. 建筑现状照片（图5-28～图5-32）

图5-28　网山黄氏祖祠祠堂外观

图5-29 网山黄氏祖祠祠堂前广场

图5-30 网山黄氏祖祠祠堂二进改建为大厅

图5-31 修复后的麻石门额与彩画

图5-32 修复后的传统木梁架结构

3. 建筑三维点云模型（图5-33、图5-34）

图5-33　三维点云模型透视图

图5-34　建筑剖面点云图

4. 建筑测绘图（图5-35~图5-39）

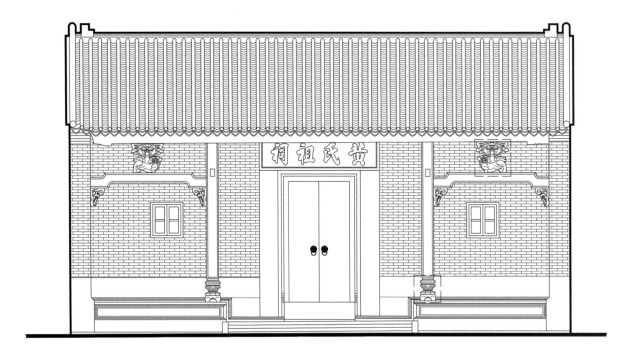

图5-35 网山黄氏祖祠正立面图

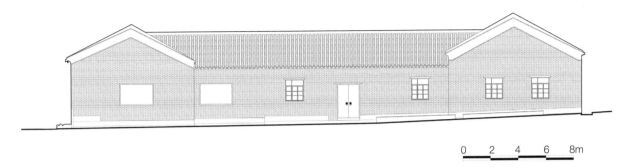

0 2 4 6 8m

图5-36 网山黄氏祖祠侧立面图

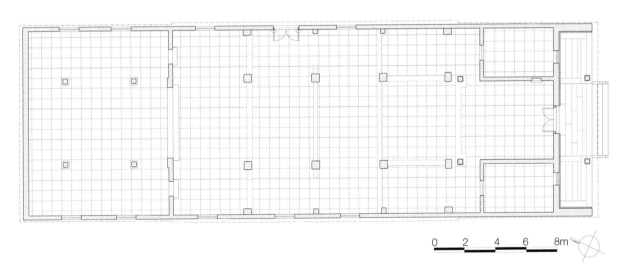

0 2 4 6 8m

图5-37 网山黄氏祖祠首层平面图

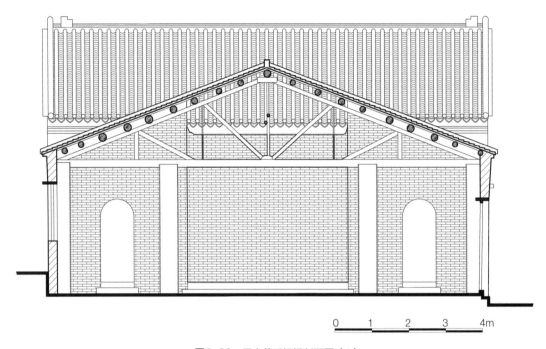

图5-38　网山黄氏祖祠剖面图（1）

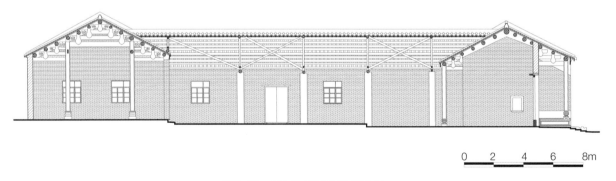

图5-39　网山黄氏祖祠剖面图（2）

　　传统民居建筑是珠海市历史建筑的重要组成部分，其数量占历史建筑总数量的比例最高。历史上，民居建筑是定居在珠海的先民生活居住的空间场所，反映了珠海传统的家庭生活方式和家族聚居理念，是珠海地区传统文化的重要遗存和物质载体。

　　珠海市传统民居建筑主要分布在较早形成的乡村聚落之中，如唐家、会同和北山等。这些始建年代较早，在明清时期发展成熟的传统村落是珠海早期历史的见证，其中传统民居建筑则保留着传统时代的建筑艺术风格和生活空间形式。在已公布的珠海历史建筑名录中，共有40处传统民居建筑（表5-2）。

珠海历史建筑中的传统民居　　　　　　　　　　表5-2

序号	编号	名称	地址
1	ZH_01_0009	杨绍安堂	香洲区南屏镇北山社区
2	ZH_01_0011	南溪谢氏祖屋	香洲区前山街道南溪社区
3	ZH_01_0015	毓秀古村	斗门区斗门镇南门村
4	ZH_02_0001	北山正街北三巷26、28号民居	香洲区南屏镇北山社区
5	ZH_02_0002	北山正街15号民居	香洲区南屏镇北山社区
6	ZH_02_0003	北山正街北二巷16号民居	香洲区南屏镇北山社区
7	ZH_02_0004	北山正街北二巷18号民居	香洲区南屏镇北山社区
8	ZH_02_0005	北山正街北一巷1号民居	香洲区南屏镇北山社区
9	ZH_02_0006	北山正街北一巷15号民居	香洲区南屏镇北山社区
10	ZH_02_0007	北山正街北二巷2号民居	香洲区南屏镇北山社区
11	ZH_02_0008	北山正街北二巷4号民居	香洲区南屏镇北山社区

序号	编号	名称	地址
12	ZH_02_0009	北山北街27号民居	香洲区南屏镇北山社区
13	ZH_02_0010	北山南街15号民居	香洲区南屏镇北山社区
14	ZH_02_0012	容星桥故居	香洲区南屏镇南屏社区
15	ZH_02_0014	南屏东大街15号民居	香洲区南屏镇南屏社区
16	ZH_02_0026	会同五巷22号民居	高新区唐家湾镇会同社区
17	ZH_02_0027	会同四巷12号民居	高新区唐家湾镇会同社区
18	ZH_02_0029	唐雄故居	高新区唐家湾镇唐家社区
19	ZH_02_0030	唐家半亩巷1、2号民居	高新区唐家湾镇唐家社区
20	ZH_02_0031	唐家半亩巷5号民居	高新区唐家湾镇唐家社区
21	ZH_02_0033	唐家医院街28号民居	高新区唐家湾镇唐乐社区
22	ZH_02_0040	唐家三角巷11号民居	高新区唐家湾镇唐家社区
23	ZH_02_0041	唐家太平里五巷3号民居	高新区唐家湾镇唐家社区
24	ZH_02_0042	唐家山房路72号民居	高新区唐家湾镇唐家社区
25	ZH_02_0043	唐家边山街三巷6号民居	高新区唐家湾镇唐乐社区
26	ZH_02_0044	唐藻兴故居	高新区唐家湾镇唐乐社区
27	ZH_02_0058	接霞庄2、4号民居	斗门区斗门镇南门村
28	ZH_02_0059	碣石堂	斗门区斗门镇南门村
29	ZH_02_0060	爱仁堂	斗门区斗门镇南门村
30	ZH_03_0002	那洲一村52号民居	高新区唐家湾镇那洲一村
31	ZH_03_0003	那洲一村67号民居	高新区唐家湾镇那洲一村
32	ZH_03_0004	那洲一村158、159号民居	高新区唐家湾镇那洲一村
33	ZH_03_0024	阳春铺村59号民居	高新区唐家湾镇永丰社区
34	ZH_03_0029	南屏村青园街27号民居	香洲区南屏镇南屏社区
35	ZH_03_0031	南屏村卓斋街13号民居	香洲区南屏镇南屏社区

序号	编号	名称	地址
36	ZH_03_0032	南屏村卓斋街一巷1号民居	香洲区南屏镇南屏社区
37	ZH_03_0033	南屏村卓斋街一巷3号民居	香洲区南屏镇南屏社区
38	ZH_03_0034	南屏村卓斋街一巷4号民居	香洲区南屏镇南屏社区
39	ZH_03_0035	南屏村卓斋街一巷8号民居	香洲区南屏镇南屏社区
40	ZH_03_0038	杨梅南故居	香洲区前山街道翠微社区

5.2.1　接霞庄2、4号民居

建筑编号　　ZH_02_0058
建筑名称　　接霞庄2、4号民居
建筑地址　　斗门区斗门镇南门村接霞庄
建筑年代　　1644—1911年
建筑面积　　564m^2
占地面积　　376m^2
建筑结构　　砖木结构

1. 建筑简介

　　清道光年间，赵氏十世祖赵意八传维茂在南门村附近定居，由于村落地处霞山的北麓，常有霞雾环绕于树林上空而被认为有祥瑞之意，因此称为接霞庄，被评为斗门区八景之一。

　　接霞庄2、4号民居位于斗门镇南门村接霞庄内，是建庄者赵维茂长子赵文澜、次子赵向荣（接霞庄全盛时期的大当家）的居所，传说为聘请佛山工匠仿照广州西关大屋建造，用料与做工均十分讲究，是接霞庄传统民居的代表作。

　　接霞庄2、4号民居为并排而建的两座形制相同的三间两进传统民居，每座面阔13.3m，进深14.3m，由头门、天井、正屋共同组成。民居头门为凹门斗式，正中设置高大的木板大门，镶嵌麻石门套，门后设有木屏风，屏风后为麻石铺砌的天井，天井后为正厅，左右次间为房。民居山墙博风处装饰黑白灰塑卷草花纹，屋面正脊两端做博古样式，外墙均为青砖砌筑，整体色调以黑白青三色，古朴素雅。

　　接霞庄2、4号民居保存情况良好，2号民居现作为村落历史展览馆，日常对外开放，4号民居现为农家饭店，出售传统小吃与农特产品。

2. 建筑现状照片（图5-40～图5-43）

图5-40　接霞庄航拍实景

图5-41　接霞庄2、4号民居鸟瞰

图5-42　接霞庄2号民居外观

图5-43　接霞庄2号民居活化为村史馆

3. 建筑三维点云模型（图5-44）

图5-44　接霞庄2、4号民居三维点云模型

4. 建筑测绘图（图5-45～图5-48）

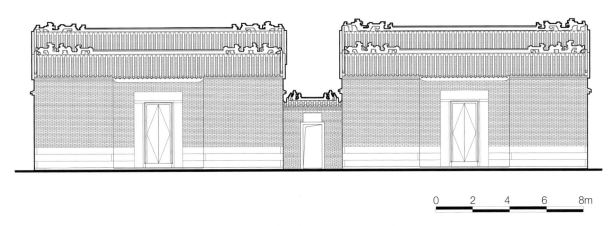

图5-45 接霞庄2、4号民居正立面图

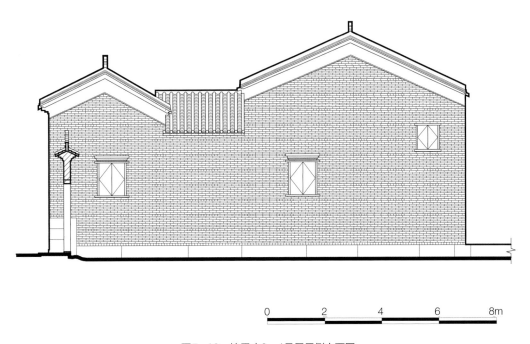

图5-46 接霞庄2、4号民居侧立面图

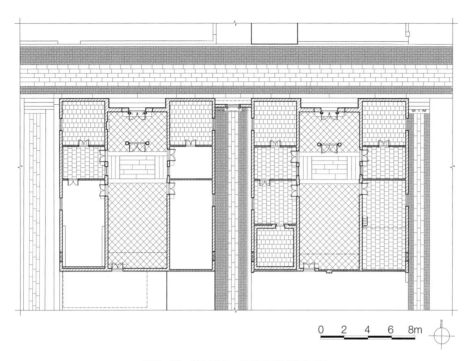

图5-47　接霞庄2、4号民居首层平面图

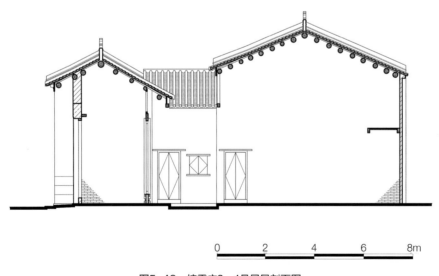

图5-48　接霞庄2、4号民居剖面图

5.2.2　唐雄故居

建筑编号　　ZH_02_0029

建筑名称　　唐雄故居

建筑地址　　高新区唐家湾镇唐家社区

建筑年代　　1644—1911年

建筑面积　　454m^2

占地面积　　303m^2

建筑结构　　砖木结构

1. 建筑简介

唐雄故居位于高新区唐家古镇内，为孙中山早期革命战友唐雄的出生与成长地。

唐雄故居建于清代，坐西朝东，面阔12.8m，进深13.9m，面阔四间、深两进，高2层，为岭南传统民居建筑。民居主体面阔3间，由头门、天井、正屋组成，北侧设有单开间厨房，面向街道独立设置出入口。民居整体为青砖砌筑，正立面为凹斗式大门，左右次间开设小窗，门窗均设有麻石门窗套，檐下保存有木雕封檐板，头门内保留木雕屏风与横批等，天井两廊檐下有彩画装饰。

唐雄故居目前保存情况较好，作为民居使用。

2. 唐雄智救孙中山

唐雄（1865—1958年），族名谦光，号辉涵，唐家湾镇人。唐雄少年留美求学时与孙中山为同窗好友，支持革命，被称为"总理（孙中山）早期革命战友和同志"。1895年，孙中山起义失败逃至唐家村，在唐雄家中躲过清政府的追捕，后受其协助逃往澳门脱离险境，"唐雄智救孙中山"的佳话一直在唐家湾流传。

3. 建筑现状照片（图5-49～图5-52）

图5-49　唐雄故居外观

图5-50　唐雄故居正立面檐下的灰塑残痕

图5-51　唐雄故居室内装饰

图5-52　唐雄故居木雕与天井

4. 建筑三维点云模型（图5-53、图5-54）

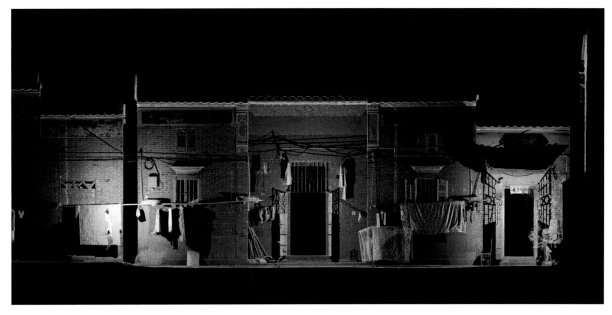

图5-53　唐雄故居建筑正立面点云图

图5-54　唐雄故居建筑剖面点云图

5. 建筑测绘图（图5-55~图5-57）

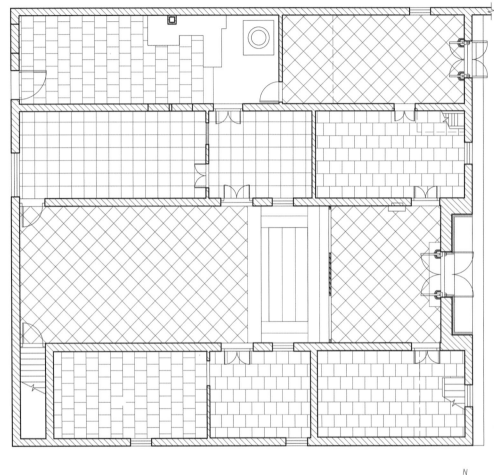

图5-55 唐雄故居首层平面图

0 1 2 3 4m

图5-56 唐雄故居正立面图

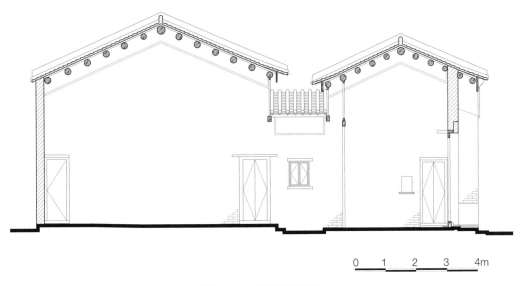

0 1 2 3 4m

图5-57 唐雄故居剖面图

5.3
碉楼与更楼

近代广东沿海地区匪患猖獗，除开平外，其他地区也兴建有防御性的碉楼、更楼、炮楼等，特别是位于珠江航道两侧的珠海、中山、东莞等地，多建有碉楼或更楼，用于瞭望、防御、打更等，位于村头巷尾、山冈高地或河道分叉处，无论高大还是低矮，官建或民建，同样肩负着守卫地方人民人身与财产安全的使命。

珠海斗门区河道纵横，水网密布，乡里田间也多设有碉楼、更楼，其中有6处已被纳入第一、二批珠海历史建筑名录（表5-3），这些碉楼有位于水边的，也有位于村落中央的，下面选取其中的典型案例为大家详细介绍。

珠海历史建筑中的碉楼与更楼   表5-3

序号	编号	名称	地址
1	ZH_01_0018	镇边楼	斗门区斗门镇南门村
2	ZH_01_0019	定海楼	斗门区斗门镇南门村
3	ZH_02_0055	海晏楼	斗门区斗门镇小濠涌村
4	ZH_02_0062	八甲村排山村北更楼	斗门区斗门镇八甲村
5	ZH_02_0063	上洲碉楼	斗门区斗门镇上洲村
6	ZH_02_0067	网山碉楼	斗门区乾务镇网山村

5.3.1　定海楼

建筑编号　　ZH_01_0019
建筑名称　　定海楼
建筑地址　　斗门区斗门镇南门村虎跳门水道新会梅阁一段水道东岸
建筑年代　　1912—1949年
建筑面积　　47m²
占地面积　　70m²
建筑结构　　混凝土结构

1. 建筑简介

定海楼位于斗门区南门村，建筑坐东南朝西北，面向虎跳门水道，由岗楼主体与环形工事组成。岗楼建筑进深5.2m，面阔4.5m，高2层，上部及屋顶已残损，仅余二层混凝土楼板。岗楼环形工事已局部坍塌，残高约3m，墙上保留射击用墙垛。

2. "定海"之意

虎跳门水道为珠江八条入海水道之一，是江门与斗门的交通要津，河道两边布设有众多碉楼建筑。定海楼位于斗门圩水路的必经之地，此地也是虎跳门水道防御要冲，历史上一直是兵家必守之地，"定海"二字即有安定海防之意。定海楼和对面江门新会的静海楼，以及两岸保存下来的炮台，都说明两岸有着相同的海防设施，反映了珠海与江门地缘上的共同性。定海楼是反映珠海边防历史的实物载体，具有历史上的地理标志性。

3. 血色历史

抗日战争期间，日军占领斗门圩后，占据了定海楼，并以岗楼为中心修建了花岗石混凝土环形工事，控制了虎跳门水道要津。1940年2月，日军和伪华南军组成数百人的队伍从三灶岛沿虎跳门水道登陆大环，与义军血战多日。抗日战争胜利后，定海楼由国民党军队驻守。

4. 建筑现状照片（图5-58～图5-61）

图5-58 扼守要道的定海楼

图5-59 定海楼外观（1）

图5-60 定海楼外观（2）

图5-61 环形工事上的射击孔

第 5 章　明清时期的历史建筑（1912 年以前）　　　137

5. 建筑三维点云模型（图5-62）

图5-62　三维点云模型透视图

6. 建筑测绘图（图5-63～图5-65）

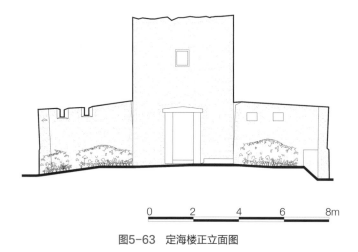

图5-63　定海楼正立面图

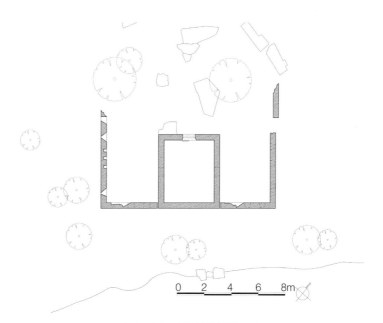

图5-64 定海楼首层平面图

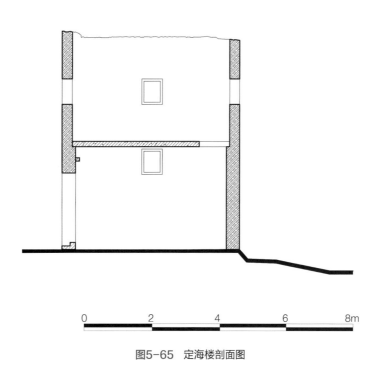

图5-65 定海楼剖面图

5.3.2 镇边楼

建筑编号　　ZH_01_0018
建筑名称　　镇边楼
建筑地址　　斗门区斗门镇南门村四圣宫村西南
建筑年代　　1644—1911年
建筑面积　　28m²
占地面积　　380m²
建筑结构　　夯土结构

1. 建筑简介

镇边楼位于斗门区南门村，始建时为海防军事设施，20世纪50年代村民在此打更预警，又称"更鼓楼"，是珠海地区碉楼建筑的典型案例。

镇边楼坐西北朝东南，由碉楼主体与围墙组成，建筑形制保存较为完整。碉楼主体进深6.2m，面阔4.6m，高4层，黄泥分层夯筑而成，内部各层木楼板均已不存。碉楼四面均设有射击口，主立面檐下装饰有"镇边楼"灰塑及瞭望窗。碉楼的西、南、东三面保存有夯土围墙，已局部坍塌，残高约2.5m。

2. 建筑现状照片（图5-66~图5-70）

图5-66　位于村落边缘的镇边楼

图5-67 镇边楼外观

图5-68 镇边楼射击口

图5-69 镇边楼灰塑装饰

图5-70　镇边楼内部

3. 建筑三维点云模型（图5-71）

图5-71 镇边楼三维点云模型透视图

4. 建筑测绘图（图5-72～图5-75）

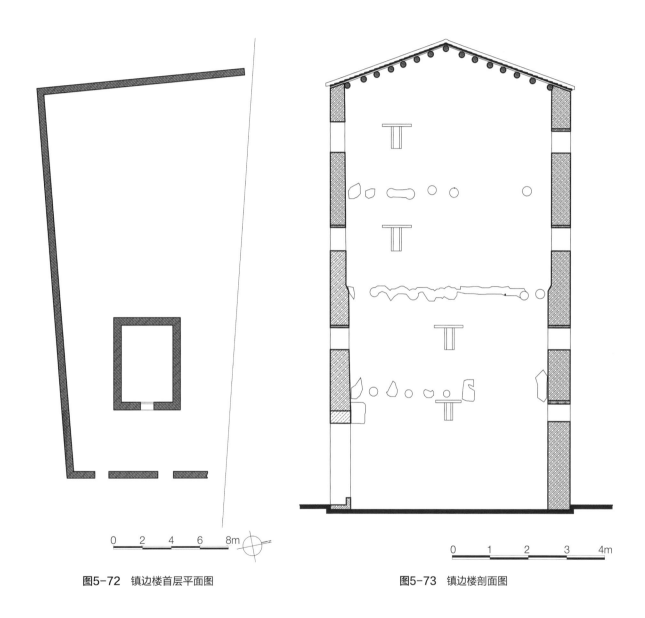

图5-72　镇边楼首层平面图

图5-73　镇边楼剖面图

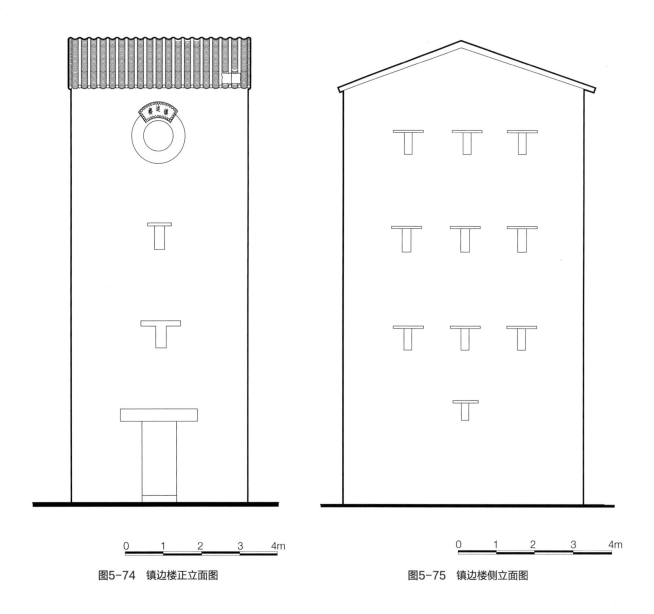

图5-74 镇边楼正立面图   图5-75 镇边楼侧立面图

珠海历史建筑资源丰富，除了常见的传统民居、祠堂庙宇、近代洋楼外，还有一些规模较小的历史建筑，如古井、古桥、凉亭、门坊等，这些小巧的历史建筑位于房前屋后、街头巷尾，一不小心就可能错过，然而看似平凡的外观下面却藏着不一样的故事。

5.4.1 唐家太和社

建筑编号	ZH_02_0037
建筑名称	唐家太和社
建筑地址	高新区唐家湾镇唐乐社区大同路
建筑年代	1644—1911年
建筑面积	6m^2
占地面积	6m^2
建筑结构	-

1. 建筑简介

唐家太和社位于大同路、三庙西北侧的三岔路口处，坐西北朝东南，正当上山路口，是研究唐家地区民间信仰和地方习俗的重要实物遗存。

唐家太和社始建年代不详，由坛基、坛面、坛壁和香炉等构成，均以麻石砌筑，坛基1m多高，坛壁造型古朴，以涡卷装饰，正中阴刻"太和社"三字，前设石香炉，炉上刻有图样及"沐恩弟子□□""□□七月"等文字。

2. 建筑现状照片（图5-76~图5-78）

图5-76　唐家太和社

图5-77　石刻香炉

图5-78　唐家太和社

3. 建筑三维点云模型（图5-79）

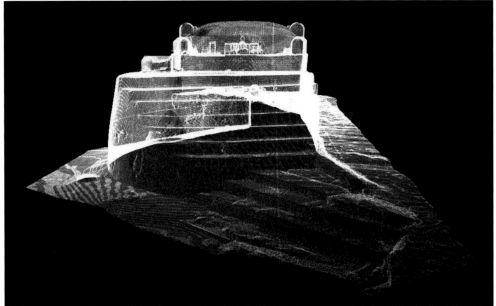

图5-79　三维点云模型透视图

4. 建筑测绘图（图5-80~图5-82）

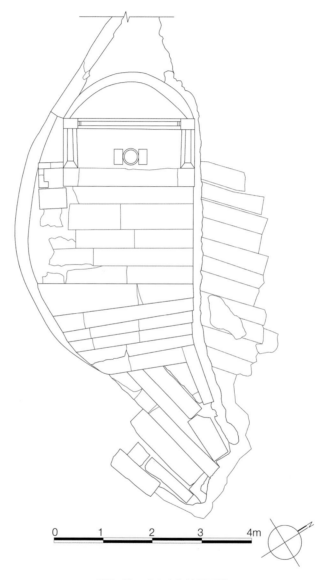

0   1   2   3   4m

图5-80 唐家太和社平面图

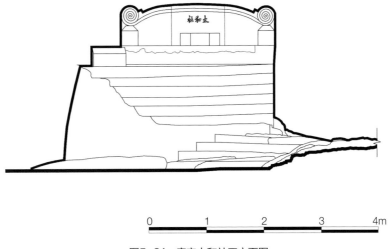

图5-81　唐家太和社正立面图

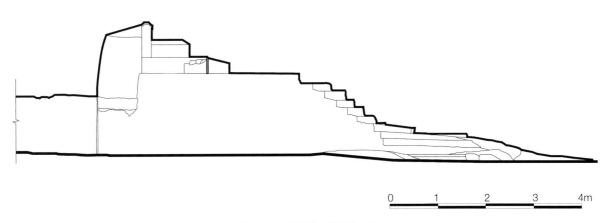

图5-82　唐家太和社侧立面图

5.4.2 唐家新地半山孖井

建筑编号　　ZH_02_0039
建筑名称　　唐家新地半山孖井
建筑地址　　高新区唐家湾镇唐乐社区山麓
建筑年代　　1644—1911年
建筑面积　　4m²
占地面积　　4m²
建筑结构　　-

1. 建筑简介

唐家新地半山孖井位于唐家古镇建筑群的最高处，海拔较高，井深数十米，为唐家地区古井之最，又称"龙井"。

孖井由麻石井口与辘轳座共同组成。井圈石由两块麻石拼成，留双圆井口，口沿凸起线脚。井口两侧现存辘轳座，上有半圆拗口，承托辘轳转轴之用。井口旁设有井泉龙神石碑。

唐家新地半山腰孖井目前已荒废，但水井、辘轳座、水神碑配置齐全，十分难得。

2. 建筑现状照片（图5-83、图5-84）

图5-83 孖井与旁边的井泉龙神

图5-84 唐家新地半山孖井

3. 建筑三维点云模型（图5-85）

图5-85　孖井平面点云图

4. 建筑测绘图（图5-86）

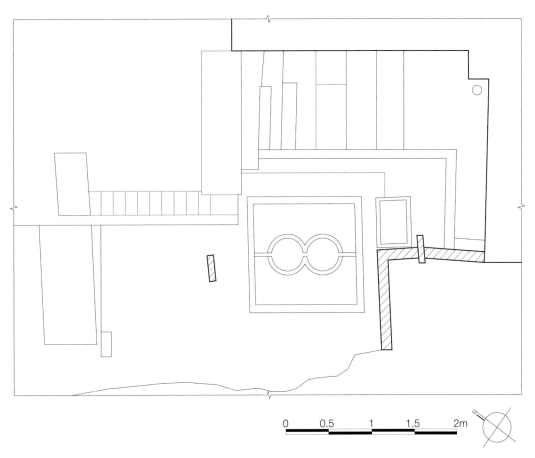

0   0.5   1   1.5   2m

图5-86　孖井平面图

5.4.3 大庙石桥

建筑编号	ZH_02_0057
建筑名称	大庙石桥
建筑地址	斗门区斗门镇大濠涌村西北角
建筑年代	1840—1949年
建筑面积	18m^2
占地面积	18m^2
建筑结构	-

1. 建筑简介

大庙石桥位于大濠涌村西北水道旁，修建于清末民国时期，是斗门地区传统桥梁的典型案例。

大庙石桥为岭南地区常见的三孔梁式桥，桥体两侧为金刚墙，由花岗石砌筑，桥面原为并排铺砌3块花岗石石梁，后中间一块改为混凝土，基本保留原历史风貌。

大庙石桥位于西北村口位置，是进村必经之路，村民于石桥上供奉香烛，祈求出入平安，石桥既是祭祀的场所也是祭祀的对象。

2. 建筑现状照片（图5-87~图5-89）

图5-87　石桥外观（1）

图5-88　石桥外观（2）

图5-89　大庙石桥与大王庙

3. 建筑三维点云模型（图5-90、图5-91）

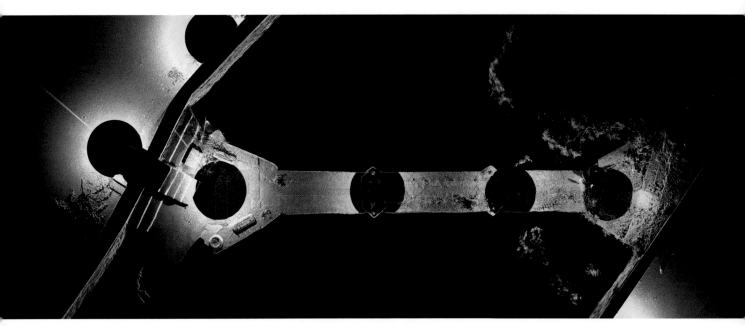

图5-90　石桥平面点云图

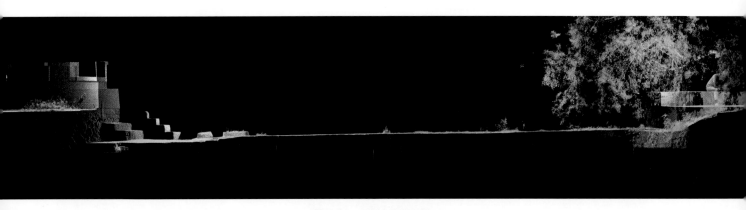

图5-91　石桥立面点云图

4. 建筑测绘图（图5-92、图5-93）

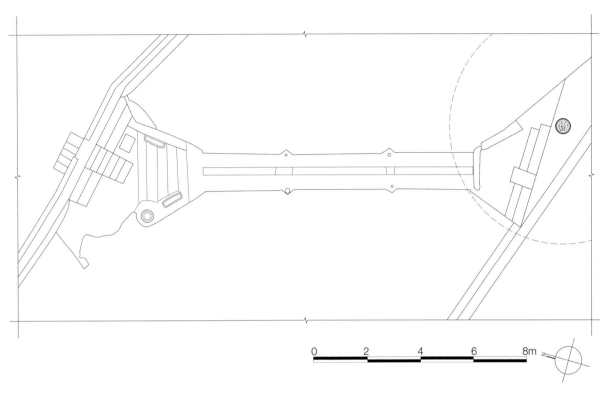

图5-92　石桥平面图

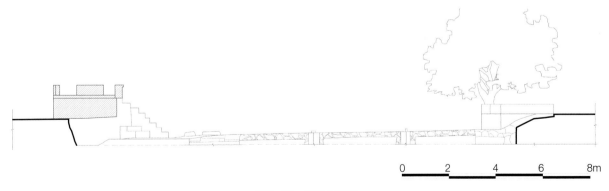

图5-93　石桥立面图

第6章

中华民国时期的历史建筑

（1912—1948年）

清末民国时期，岭南地区是中西方交流的前沿阵地，大批珠海本地乡民外出谋生，远赴重洋，回乡后积极投身家乡建设，兴建房屋、兴办实业、发展教育，留下了丰富的近代民居建筑、商业建筑与教育建筑，如官塘的鹏轩学舍、斗门旧街的骑楼建筑等。民国时期，珠海地区进行了两个重要的近代城市建设实践，即香洲埠与中山模范县的建设，至今仍保留部分商铺与近代公共建筑旧址，也是珠海重要的近代建筑遗产。

在众多的近代建筑类型中，近代洋楼建筑数量最多，在已公布的珠海历史建筑中，一共有16处近代洋楼，主要分布在高新、斗门两区（表6-1）。

<table>
<tr><td colspan="5" style="text-align:center">珠海历史建筑中的近代洋楼　　　　　　　　表6-1</td></tr>
<tr><th>序号</th><th>编号</th><th>名称</th><th>地址</th></tr>
<tr><td>1</td><td>ZH_01_0012</td><td>卓钏业故居</td><td>高新区唐家湾镇官塘社区</td></tr>
<tr><td>2</td><td>ZH_01_0013</td><td>佘振棠故居</td><td>高新区唐家湾镇官塘社区</td></tr>
<tr><td>3</td><td>ZH_01_0014</td><td>卓肥七故居</td><td>高新区唐家湾镇官塘社区</td></tr>
<tr><td>4</td><td>ZH_01_0016</td><td>莫氏洋楼</td><td>金湾区三灶镇三头社区鱼弄村</td></tr>
<tr><td>5</td><td>ZH_01_0017</td><td>就业堂洋楼</td><td>金湾区三灶镇莲塘村</td></tr>
<tr><td>6</td><td>ZH_01_0021</td><td>毓秀洋楼</td><td>斗门区斗门镇南门村</td></tr>
<tr><td>7</td><td>ZH_02_0016</td><td>南屏卓斋街19号民居</td><td>香洲区南屏镇南屏社区</td></tr>
<tr><td>8</td><td>ZH_02_0023</td><td>官塘新村仔二巷民居</td><td>高新区唐家湾镇官塘社区</td></tr>
<tr><td>9</td><td>ZH_02_0024</td><td>安庐</td><td>高新区唐家湾镇官塘社区</td></tr>
<tr><td>10</td><td>ZH_02_0025</td><td>绍庐</td><td>高新区唐家湾镇会同社区</td></tr>
<tr><td>11</td><td>ZH_02_0032</td><td>唐家拱勋大楼</td><td>高新区唐家湾镇唐家社区</td></tr>
<tr><td>12</td><td>ZH_02_0053</td><td>小濠涌大村上九巷42号民居</td><td>斗门区斗门镇小濠涌村</td></tr>
<tr><td>13</td><td>ZH_02_0065</td><td>上栏洋楼</td><td>斗门区莲洲镇上栏村</td></tr>
<tr><td>14</td><td>ZH_03_0023</td><td>阳春铺村20号民居</td><td>高新区唐家湾镇永丰社区阳春铺村</td></tr>
</table>

序号	编号	名称	地址
15	ZH_03_0025	阳春铺村97号民居	高新区唐家湾镇永丰社区阳春铺村
16	ZH_03_0053	虎山村民兵营与众团社	斗门区乾务镇虎山村

6.1.1 卓钏业故居

建筑编号	ZH_01_0012
建筑名称	卓钏业故居
建筑地址	高新区唐家湾镇官塘社区
建筑年代	1933年
建筑面积	500m²
占地面积	250m²
建筑结构	混合结构

1. 建筑简介

卓钏业故居位于香洲区唐家湾镇官塘社区内，又称"白帽子"，是官塘最早安装电灯和自来水的住宅。

卓钏业故居修建于1933年，为近代洋楼，坐西北朝东南，建筑进深18.4m，面阔7.9m，高2层，青砖砌筑，前设有小花园。洋楼主体平面为"T"字形，前部为主要的居住空间，后部为厨房等辅助用房，布局合理。洋楼一层室内为客厅，保留有民国时期的花阶砖铺地及木屏风，木屏风上保留有摩登风格的彩画。洋楼二层为卧室，装饰风格与一层统一。洋楼屋面局部做成四坡屋面，中西结合。洋楼正立面设有外廊及弧形台阶，顶棚处有灯影花装饰[1]，门窗均为西式风格，有精美的灰塑窗楣装饰，二层设有弧形外阳台。

卓钏业故居目前保存情况良好，作为民居正常使用。

2. 建筑现状照片（图6-1~图6-6）

图6-1　卓钏业故居建筑外观（1）

---

[1] 民国时，电灯开始普及，建筑顶棚装电灯处常常绘制彩画或装饰灰塑，在灯光照射下呈现出五彩纷呈的效果，叫作灯影花。

图6-2　卓钏业故居建筑外观（2）

图6-3　西式卷草与中式瑞兽的组合灰塑窗楣装饰

图6-4 灯影花

图6-5 客厅内的摩登风格装饰画

图6-6 洋楼的中式四坡屋面

第 6 章 中华民国时期的历史建筑（1912—1948 年） 165

3. 建筑三维点云模型（图6-7）

图6-7 卓钏业故居三维点云模型透视图

4. 建筑测绘图（图6-8~图6-12）

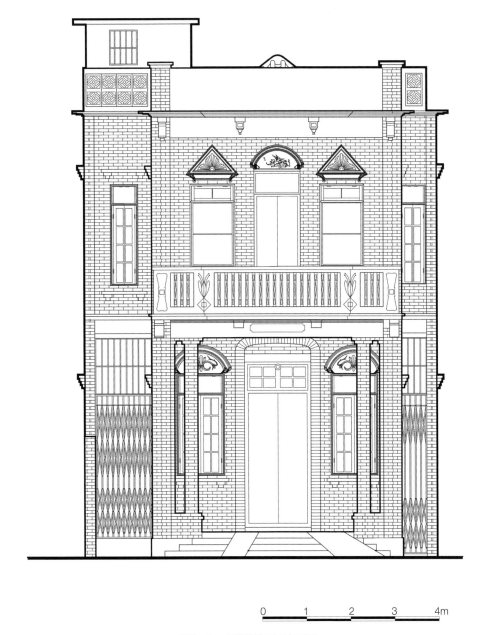

0   1   2   3   4m

图6-8　卓钏业故居正立面图

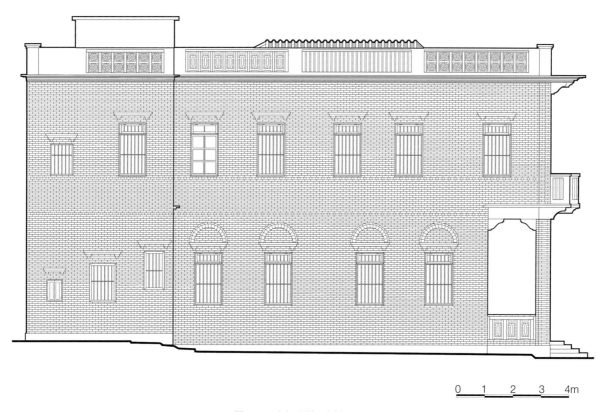

图6-9 卓钏业故居侧立面图

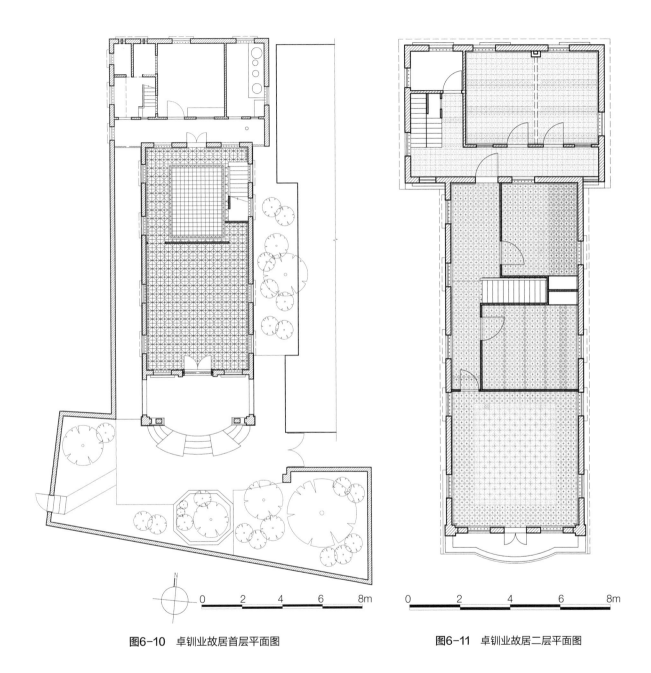

图6-10 卓钏业故居首层平面图　　　　　图6-11 卓钏业故居二层平面图

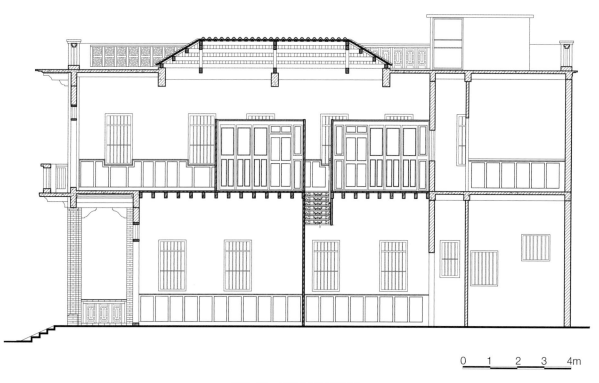

图6-12 卓钏业故居剖面图

6.1.2　莫氏洋楼

建筑编号　　ZH_01_0016
建筑名称　　莫氏洋楼
建筑地址　　金湾区三灶镇三头社区鱼弄村
建筑年代　　1936年
建筑面积　　364m^2
占地面积　　192m^2
建筑结构　　砖混结构

1. 建筑简介

　　莫氏洋楼位于金湾区三灶镇三灶社区，坐东南朝西北，建筑进深16.5m，面阔10m，高2层。洋楼修建于1936年，分为主体与辅助用房两部分，均为砖混结构。洋楼正立面为三开间，西式建筑风格，设外廊，一层入口处设有弧形台阶，二层心间出挑弧形阳台，檐下有精美的灰塑线脚装饰。洋楼二层屋顶设有八角采光亭，顶部绘有盘龙彩画，十分罕见。

　　莫氏洋楼现闲置中，现状保存情况较差，亟待修缮。

2. 日军侵华罪证

　　1938年三灶岛沦陷后，莫氏洋楼曾作为日军的粮仓和兵营，是日军侵华的罪证之一。

3. 建筑现状照片（图6-13~图6-16）

图6-13　历尽沧桑的莫氏洋楼

图6-14　洋楼二层心间出挑的弧形阳台，屋檐下有精美灰塑线脚装饰

图6-15　二层屋顶的八角采光亭，顶棚下保留精美盘龙彩画

图6-16　洋楼室内

4. 建筑三维点云模型（图6-17）

图6-17　莫氏洋楼建筑立面点云图

5. 建筑测绘图（图6-18～图6-21）

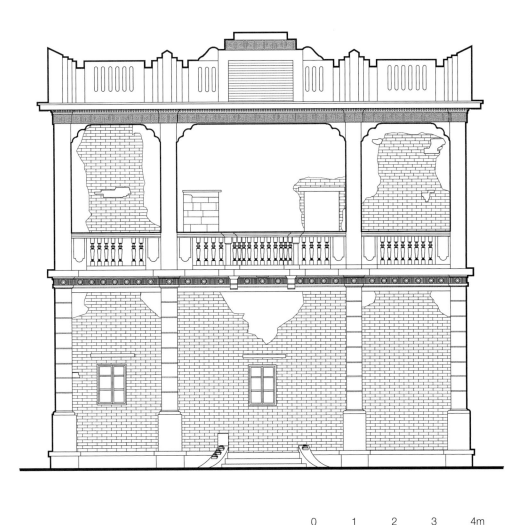

图6-18 莫氏洋楼正立面图

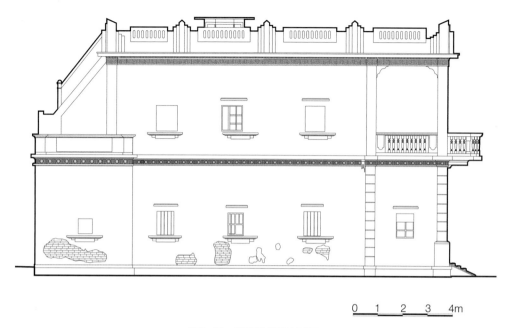

0 1 2 3 4m

图6-19 莫氏洋楼侧立面图

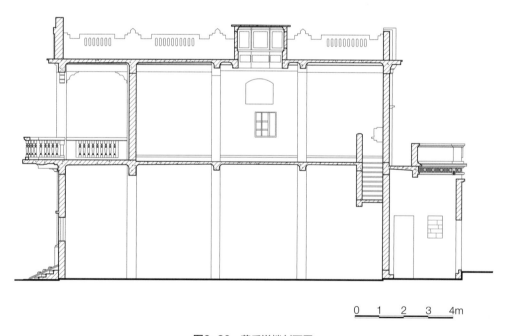

0 1 2 3 4m

图6-20 莫氏洋楼剖面图

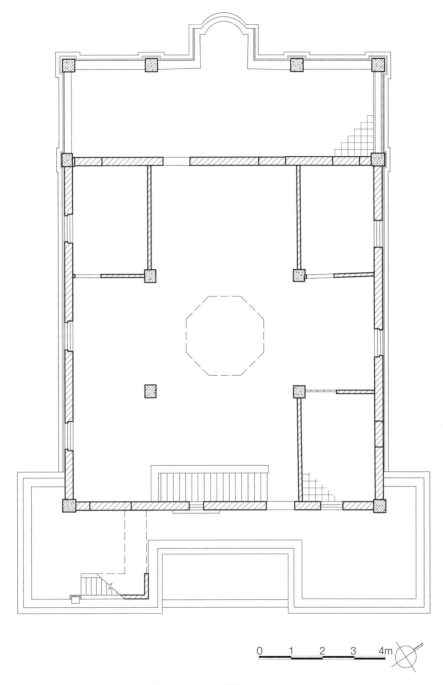

0 1 2 3 4m

图6-21 莫氏洋楼二层平面图

6.1.3 毓秀洋楼

建筑编号	ZH_01_0021
建筑名称	毓秀洋楼
建筑地址	斗门区斗门镇南门村委毓东、毓西村民小组
建筑年代	1912–1949年
建筑面积	236m²
占地面积	118 m²
建筑结构	砖混结构

1. 建筑简介

毓秀洋楼位于斗门区的毓秀古村旁，坐西南朝东北，由庭院与洋楼建筑组成。洋楼修建于1930年，建筑主体进深12.2m，面阔8.9m，高2层，平面布局为双开间，一层为厅，二层为办公室，室内设有木屏风装饰。洋楼正立面设前廊，二层为外阳台，现存铁艺栏杆，二楼阳台入口设西式拱券，拱券上方为造型独特的山花。

2015年，斗门区委区政府对毓秀洋楼进行了修复布展，于洋楼内布置图文展板，系统展示中华人民共和国成立后斗门区的社会经济发展历程。毓秀洋楼规模虽小，却是斗门政治、文化等重要历史机构与大事件的见证者，是斗门地情教育的重要基地。

2. 斗门县的"老县府"

毓秀洋楼中华人民共和国成立后至1967年曾先后作为当地农会会址、中山县第九区与南门区领导居住地、四清工作团斗门县团总部、斗门县成立初期县府办公场所、毓秀中学等，又被当地群众称为"老县府"，见证了斗门县的诞生与发展。1965年7月19日，国务院批准成立斗门县（中山县的斗门、乾务、白蕉3个公社和平沙农场，新会县的西安、上横2个公社划归斗门县），同时斗门县人民委员会成立，选定毓秀洋楼作为斗门建县筹备组的办公楼，在洋楼内制定斗门建县方针、组建县委县政府、规划斗门发展蓝图等。

3. 建筑现状照片（图6-22~图6-25）

图6-22 毓秀洋楼建筑外观

图6-23　建筑正面

图6-24　建筑室内（1）

图6-25　建筑室内（2）

4. 建筑三维点云模型（图6-26、图6-27）

图6-26 毓秀洋楼三维点云模型透视图（1）

图6-27　毓秀洋楼三维点云模型透视图（2）

5. 建筑测绘图（图6-28~图6-32）

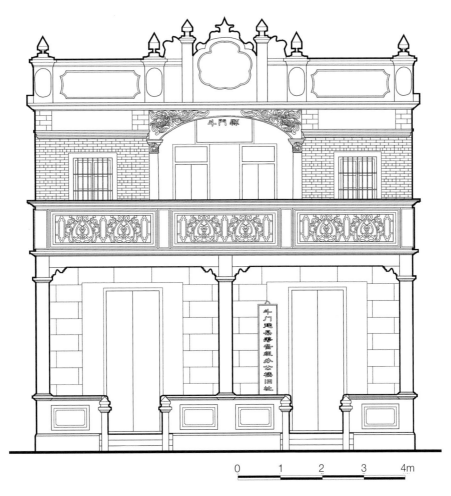

图6-28　毓秀洋楼正立面图

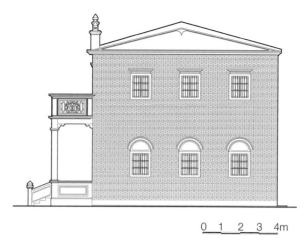

0 1 2 3 4m

图6-29 毓秀洋楼侧立面图

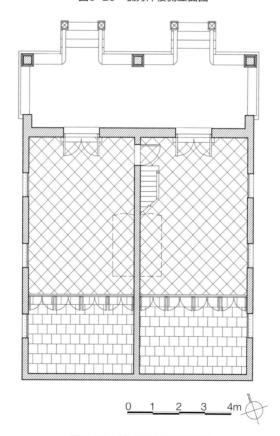

0 1 2 3 4m

图6-30 毓秀洋楼首层平面图

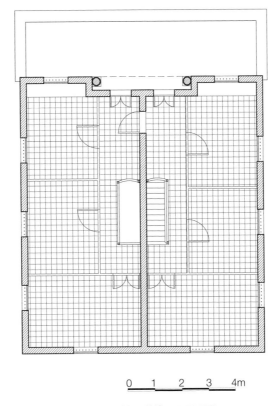

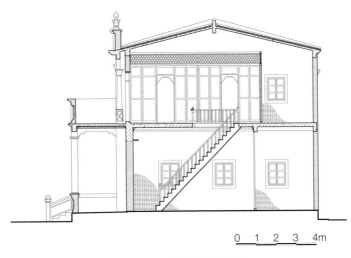

图6-31 毓秀洋楼二层平面图

图6-32 毓秀洋楼剖面图

6.2
骑楼商铺

岭南地区作为近代中西方交融的前沿阵地，商贸发达，除了近代民居，中西结合风格的近代商业建筑也是珠海历史建筑的重要类型。在已公布的珠海历史建筑中，近代商业建筑共有16处，主要集中在斗门旧街、香洲埠、下栅圩、虎山圩等地（表6-2）。

珠海历史建筑中的骑楼及近代商铺建筑　　　　　　表6-2

序号	编号	名称	地址
1	ZH_02_0045	大安堂旧址	斗门区斗门镇大马路
2	ZH_02_0046	斗门茶楼旧址	斗门区斗门镇大马路
3	ZH_02_0047	协昌金山庄旧址	斗门区斗门镇大马路
4	ZH_02_0048	民兴米机旧址	斗门区斗门镇大马路
5	ZH_02_0049	胜兰金山庄旧址	斗门区斗门镇大马路
6	ZH_02_0050	章荣金山庄旧址	斗门区斗门镇大马路
7	ZH_02_0051	振兴大押旧址	斗门区斗门镇大马路
8	ZH_02_0052	兆章绸匹铺旧址	斗门区斗门镇大马路
9	ZH_02_0054	广泰来茶楼旧址	斗门区斗门镇小濠涌村
10	ZH_03_0021	下栅村金山巷7号商铺	高新区唐家湾镇下栅村
11	ZH_03_0022	下栅村金山巷12号商铺与货楼	高新区唐家湾镇下栅村
12	ZH_03_0047	郭细记渔栏旧址	香洲区香湾街道朝阳社区香埠路
13	ZH_03_0048	新两合渔栏旧址	香洲区香湾街道朝阳社区香埠路
14	ZH_03_0049	大马路52号骑楼	斗门区斗门镇大马路
15	ZH_03_0051	虎山村第二区82、83号商铺	斗门区乾务镇虎山村
16	ZH_03_0052	虎山村第二区112号商铺	斗门区乾务镇虎山村

6.2.1　协昌金山庄旧址

建筑编号　　ZH_02_0047
建筑名称　　协昌金山庄旧址
建筑地址　　斗门区斗门镇大马路
建筑年代　　1912—1949年
建筑面积　　290m²
占地面积　　145m²
建筑结构　　砖混结构

1. 建筑简介

　　协昌金山庄旧址位于历史文化街区斗门旧街，原为侨汇金山庄，近代骑楼建筑❶，楼高2层，前铺后仓。

　　协昌金山庄旧址正立面为西式建筑风格，水刷石饰面，装饰丰富。骑楼首层为商铺入口，门额上刻有"协昌"两个金字招牌，顶棚底部装饰灯影花，左右立柱上题写有"协昌汇兑各埠银两""协昌接理外洋书信"的广告语。骑楼二层设凹阳台，左右各有一根爱奥尼柱式，上承拱券，塑有卷草纹样装饰与"协昌"两个金字招牌。骑楼顶部女儿墙装饰巴洛克风格的山花，造型华丽优美。

　　协昌金山庄旧址目前仍作为商铺正常使用。

---

❶ 骑楼是"上楼下廊"的建筑形式，可防雨防晒，又便于招揽生意，具有浓厚的岭南地域特色。

2. 斗门旧街四大钱庄之一

民国17年（1928年）斗门墟大火，时任八区区长欧亦豪提出成立"斗门墟建设委员会"重建店铺，由加拿大牧师、建筑工程师嘉理慰等人负责统筹规划、设计，于民国21年（1932年）左右形成基本规模。

斗门旧街民国时期以四大钱庄闻名周边（章金山庄、协昌山庄、兴华金铺、胜兰银庄），协昌记即为其中之一。

3. 建筑现状照片（图6-33~图6-36）

图6-33 协昌金山庄建筑外观

图6-34　协昌金山庄建筑灰塑装饰

图6-35　金漆招牌

图6-36　协昌金山庄建筑室内

4. 建筑三维点云模型（图6-37、图6-38）

图6-37　协昌金山庄三维点云模型透视图（1）

图6-38　协昌金山庄三维点云模型透视图（2）

5. 建筑测绘图（图6-39~图6-42）

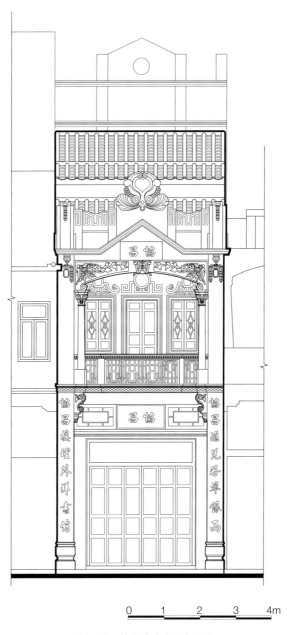

0　1　2　3　4m

图6-39　协昌金山庄正立面图

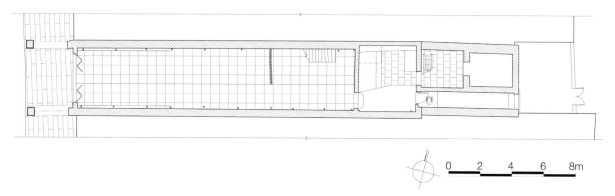

图6-40 协昌金山庄首层平面图

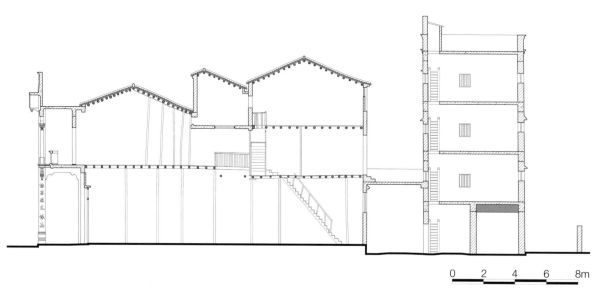

图6-41 协昌金山庄剖面图

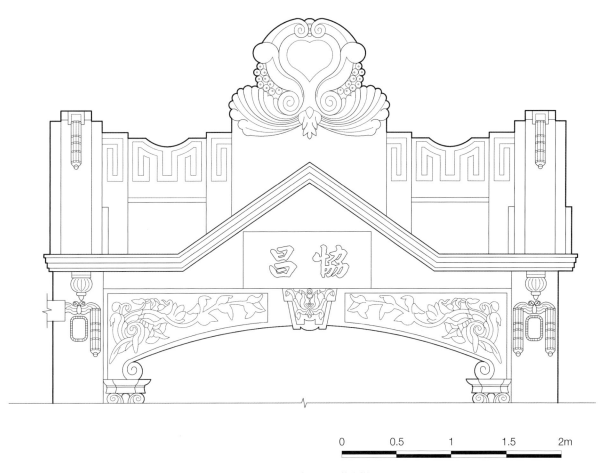

图6-42　协昌金山庄山花大样图

6.3
近代学堂

维新变法后，废科举、兴学堂，珠海地区的旧式书院纷纷改为新式学堂，民间办学也十分昌盛。民国时期，众多华侨、乡绅们热心家乡建设与教育发展，纷纷出资办学。此类学校多为新式学堂，规模较小，主要招收本乡子弟，是广东废除科举制度前后最早兴办的一批民间学校，对研究中国教育制度的历史与革新具有重要意义。

6.3.1　鹏轩学舍

建筑编号	ZH_01_0002
建筑名称	鹏轩学舍
建筑地址	高新区唐家湾镇官塘社区
建筑年代	1935年
建筑面积	658m^2
占地面积	329m^2
建筑结构	混合结构

1. 建筑简介

鹏轩学舍又称简先楼，位于高新区官塘社区内，是官塘乡贤卓简先生自办的私塾，由卓简先生的儿子卓华谱、卓君谱兄弟合资兴建于1935年。

鹏轩学舍坐西北朝东南，建筑进深21.2m，面阔14.4m，高2层。学舍平面格局为面阔三间，进深三间，四周环绕柱廊，可遮阳挡雨，适应岭南湿热气候。建筑室内以十根粗壮的圆形砖柱为支撑，上托纵横方向的木梁，形成砖木混合的框架结构，平面中间为二层通高的天井，上覆八角攒尖顶采光亭。建筑正立面为五开间，一层外廊使用西式爱奥尼柱式❶，二层为拱券，正立面栏杆上有"鹏轩学舍"灰塑匾额，屋顶女儿墙中央有精美灰塑装饰，上书"民国念四年秋始建（1935）"。学舍大门为双开趟栊门，左右有灰塑对联"鹏博霄汉扶摇上，轩舞精神硕盼雄"，为卓简先生所撰写。建筑门窗均装饰灰塑窗楣，各不相同，十分精致。

鹏轩学舍目前闲置中，保存情况较差，亟待修缮。

2. 建筑现状照片（图6-43~图6-47）

图6-43 鹏轩学舍建筑外观

---

❶ 爱奥尼柱式源于古希腊，是希腊古典建筑的三种柱式之一，外形纤细秀美，在西式古典风格建筑中十分常见。

图6-44 鹏轩学舍建筑大门

图6-45 鹏轩学舍建筑外廊

图6-46 八角采光亭

图6-47 鹏轩学舍建筑装饰

3. 建筑三维点云模型（图6-48）

图6-48　鹏轩学舍三维点云模型透视图

4. 建筑测绘图（图6-49~图6-53）

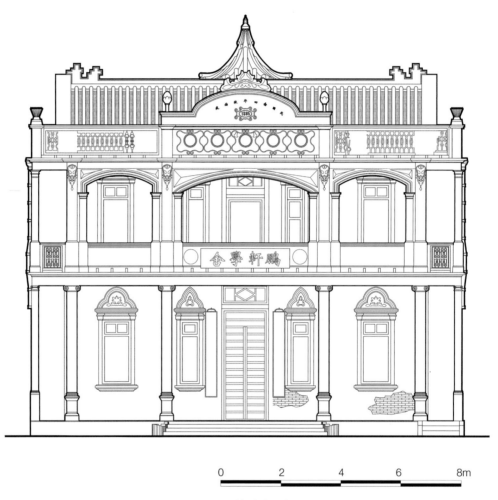

0 2 4 6 8m

图6-49 鹏轩学舍正立面图

数字记忆——珠海市历史建筑数字化保护理论与实践

图6-50　鹏轩学舍侧立面图

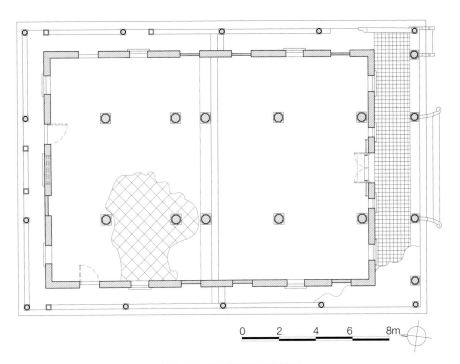

图6-51　鹏轩学舍首层平面图

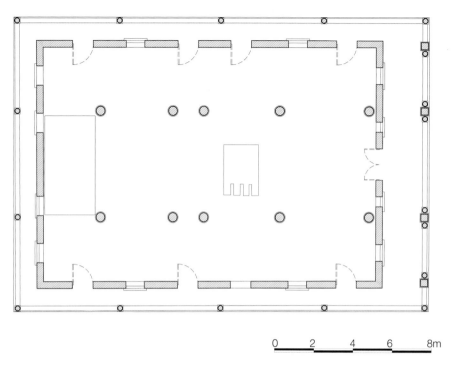

0 2 4 6 8m

图6-52 鹏轩学舍二层平面图

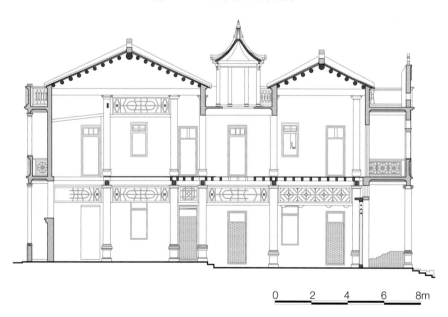

0 2 4 6 8m

图6-53 鹏轩学舍剖面图

6.3.2　精华学校旧址

建筑编号　　ZH_02_0069
建筑名称　　精华学校旧址
建筑地址　　斗门区井岸镇北澳村
建筑年代　　1912—1949年
建筑面积　　61m^2
占地面积　　61m^2
建筑结构　　砖混结构

1. 建筑简介

　　精华学校旧址位于斗门区井岸镇北澳村，建于民国时期。中华人民共和国成立后，学校房舍几经变更，1974年于原校址兴办北澳小学，1985年9月经斗门县命名为井岸镇第三小学。目前，井岸镇第三小学内仍保留精华学校原校门，是民国时期斗门地区新式学校的重要实物遗存，也是研究珠海近代教育发展的重要实物资料。

　　精华学校旧址坐西南向东北，占地面积约60m^2，砖混结构，面阔三间，高1层。建筑立面为西式，中间为大门，上有拱形灰塑门楣，山花中央有"精华学校"灰塑字样。建筑室内分三间，左右为课室，中间为通道。

　　精华学校旧址保存情况较好，现作为校史展览室、学生活动室使用。

2. 建筑现状照片（图6-54、图6-55）

图6-54 "精华学校"门额

图6-55 精华学校旧址建筑室内

3. 建筑三维点云模型（图6-56）

图6-56　精华学校旧址建筑正立面点云图

4. 建筑测绘图（图6-57~图6-60）

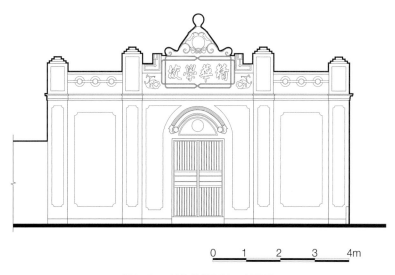

0　　1　　2　　3　　4m

图6-57　精华学校旧址正立面图

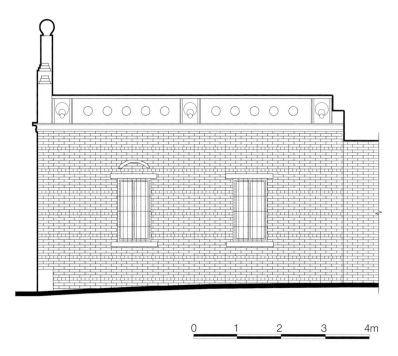

0　　1　　2　　3　　4m

图6-58　精华学校旧址侧立面图

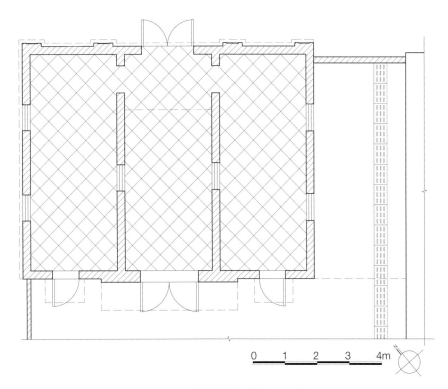

图6-59　精华学校旧址首层平面图

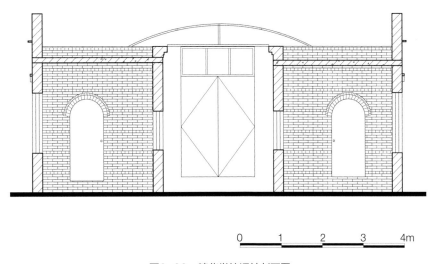

图6-60　精华学校旧址剖面图

6.4
建筑小品

6.4.1　杨公亭

建筑编号　　ZH_02_0018
建筑名称　　杨公亭
建筑地址　　香洲区前山街道翠微社区南村口
建筑年代　　1840—1949年
建筑面积　　24m^2
占地面积　　24m^2
建筑结构　　钢筋混凝土框架结构

1. 建筑简介

　　杨公亭位于香洲区翠微村口，始建于清末民国初期，是时任上海太古轮船公司总买办杨梅南为纪念其父亲杨殿琛而建，于1988年由杨梅南裔孙香港最高法院首席大法官杨铁樑重修。杨公亭建成初期，翠微村慈善组织在此设茶水供应路人免费饮用，至1925年岐关公路建成通车后，杨公亭便作为岐关车站候车点，是研究珠海地区近代交通发展史的重要实物遗存。

　　杨公亭坐东北向西南，钢筋混凝土框架结构，建筑以四根方形角柱支撑，水刷石饰面，正面阴刻楹联，柱头设混凝土仿古异形角科斗栱，栱构饰纹如瑞兽首，造型别致。亭子为歇山卷棚顶，绿色琉璃瓦屋面，两侧山墙饰有精美灰塑图案，瓦当有"振兴国货"字样，滴水瓦有鹰和英文字母的组合图案。建筑正面梁额阳塑"杨公亭"三字。

2. 建筑现状照片（图6-61~图6-65）

图6-61　位于翠微村口的杨公亭

图6-62　杨公亭建筑外观

图6-63　独特的角科斗栱

图6-64　"振兴国货"瓦当

图6-65　亭子正面的"杨公亭"

3. 建筑三维点云模型（图6-66、图6-67）

图6-66　杨公亭三维点云模型透视图（1）

图6-67　杨公亭三维点云模型透视图（2）

4. 建筑测绘图（图6-68~图6-72）

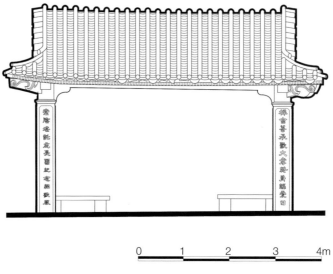

图6-68 杨公亭正立面图

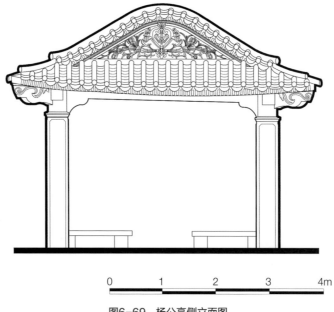

图6-69 杨公亭侧立面图

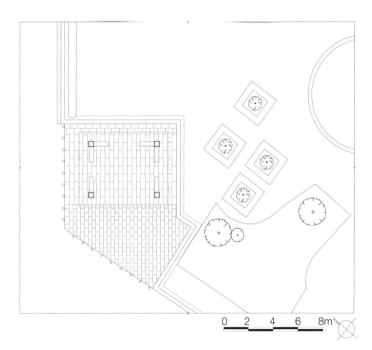

图6-70　杨公亭首层平面图

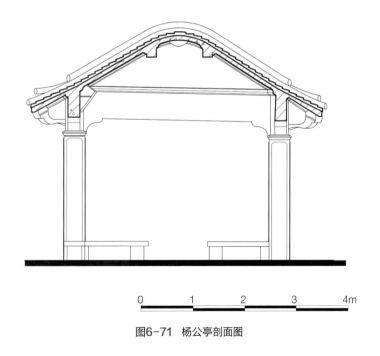

图6-71　杨公亭剖面图

0   0.2   0.4   0.6   0.8cm

① 杨公亭山花大样图

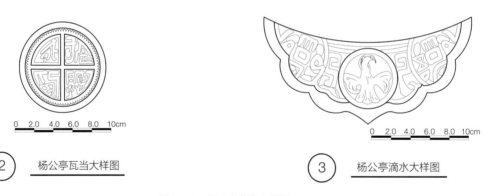

0   2.0   4.0   6.0   8.0   10cm

② 杨公亭瓦当大样图

0   2.0   4.0   6.0   8.0   10cm

③ 杨公亭滴水大样图

图6-72 杨公亭装饰大样图

第7章

中华人民共和国成立
后的历史建筑

（1949年至今）

20世纪50~20世纪60年代的人民公社时期，传统村落内新建或改建了一批大队食堂、礼堂等公共建筑，其中部分保留下来成为村民集体回忆的物质载体与特殊年代的实物见证，如新乡李屋村生产大队食堂旧址等。至县政府时期、改革开放时期，珠海作为新中国的第一批经济特区，拱北宾馆、珠海宾馆等现代建筑成为珠海特区对外开放与经济社会发展的标志，也被纳入历史建筑。

7.1
人民公社时期建筑

7.1.1 新乡李屋村生产大队食堂旧址

建筑编号　　ZH_02_0064

建筑名称　　新乡李屋村生产食堂旧址

建筑地址　　斗门区斗门镇新乡李屋村

建筑年代　　1950—1979年

建筑面积　　456m^2

占地面积　　456m^2

建筑结构　　砖木结构

1. 建筑简介

新乡李屋村生产大队食堂旧址位于斗门区斗门镇新乡社区李屋村，为人民公社时期的典型公共建筑案例，建筑形象具有标志性，是斗门地区人民公社历史研究的重要物质材料，同时也是李屋村民集体回忆的重要物质载体。

食堂建筑坐东北朝西南，占地面积约455m^2，为砖木结构，高1层，双坡屋顶。建筑正立面绘有"李屋村"字样，建筑山花处装饰五角星。食堂室内以两排砖柱支承屋面三角桁架结构，空间开敞，尽端设有讲台。

新乡李屋村生产大队食堂旧址保存情况较好，现用作李屋老年人活动中心。

2. 建筑现状照片（图7-1~图7-3）

图7-1　新乡李屋村生产大队食堂旧址建筑外观

图7-2　新乡李屋村生产大队食堂旧址建筑室内（1）

图7-3　新乡李屋村生产大队食堂旧址建筑室内（2）

3. 建筑三维点云模型（图7-4、图7-5）

图7-4　新乡李屋村生产大队食堂旧址建筑正立面点云图

图7-5　新乡李屋村生产大队食堂旧址建筑剖面点云图

4. 建筑测绘图（图7-6~图7-9）

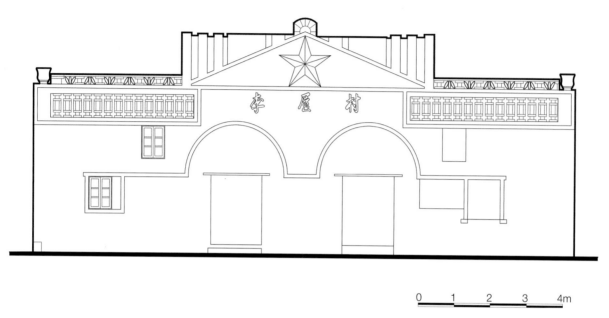

0 1 2 3 4m

图7-6 新乡李屋村生产大队食堂旧址正立面图

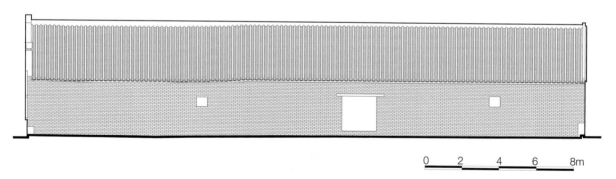

0 2 4 6 8m

图7-7 新乡李屋村生产大队食堂旧址侧立面图

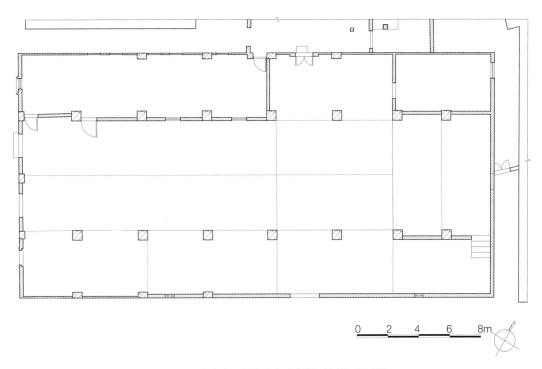

图7-8　新乡李屋村生产大队食堂旧址首层平面图

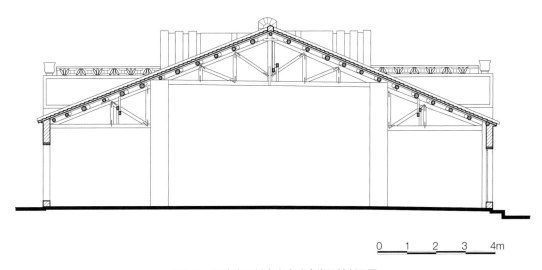

图7-9　新乡李屋村生产大队食堂旧址剖面图

7.2
县政府时期建筑

　　中华人民共和国成立后至20世纪50年代初，珠海的行政建制几经变更，至1953年5月1日，珠海县正式成立，下属唐家区、前山区、三灶区与万顷沙区4区44乡，县政府设于唐家。1959年，珠海县并入中山县。又至1961年，珠海恢复县建制，县政府驻香洲。1979年，珠海县改为珠海市，珠海县成为历史。

　　在县政府时期，珠海的社会经济、文化教育不断发展，兴建了一批代表性公共建筑，时至今日，在珠海的香洲老城内，仍保留着若干处县政府时期的老建筑，如珠海图书馆旧馆❶、珠海市政府4号办公楼、龙舟亭、渔民招待所等。此类建筑多为岭南早期现代主义风格，整体造型简洁轻盈，细部多装饰遮阳板、漏花窗等，极具岭南特色。

7.2.1　龙舟亭

建筑编号	ZH_01_0010
建筑名称	龙舟亭
建筑地址	香洲区香湾街道朝阳社区龙舟街74号
建筑年代	1962年
建筑面积	974m²
占地面积	487m²
建筑结构	钢筋混凝土框架结构

❶ 目前为珠海市青少年图书馆。

1. 建筑简介

　　龙舟亭位于香洲区龙舟街，修建于1962年，原为珠海龙舟节存放龙舟的地方，目前活化为珠海市港澳流动渔民陈列馆。龙舟亭见证了珠海地区赛龙舟传统民俗的发展与变迁，且具有地标性，具有较高的保护价值。

　　龙舟亭坐东北朝西南，建筑进深18.3m，面阔28.2m，地上2层，地下1层，为钢筋混凝土框架结构。建筑主入口设有宽阔的台阶及三开间入口门廊，门廊以虾公梁、驼峰、雀替等传统建筑元素装饰，建筑外立面为赭红色，门窗皆使用仿古样式，屋顶上设有两座四角攒尖顶凉亭，使用黄色琉璃瓦屋面，建筑整体形象鲜明突出。建筑一、二层为展览厅，地下一层为办公室。

2. 龙舟亭的来历

　　珠海的端午节"龙舟竞渡"，是香洲开埠以来就延续下来的传统。1961年，随着珠海县治迁至香洲，龙舟赛设在野狸岛附近海面举办，起初民众在海边搭一间大棚放置龙船，但大棚常遭海浪侵袭，不够安全，1962年，县政府在龙舟街的中段集资兴建了龙舟亭，用以存放龙船。

3. 建筑现状照片（图7-10~图7-16）

图7-10　龙舟亭建筑鸟瞰

图7-11　龙舟亭建筑外观（1）

　数字记忆——珠海市历史建筑数字化保护理论与实践

图7-12　龙舟亭仿古四角亭

图7-13　龙舟亭建筑外观（2）

图7-14　修葺一新的龙舟亭

图7-15 龙舟亭一层展厅

图7-16 龙舟亭二层展厅

数字记忆——珠海市历史建筑数字化保护理论与实践

4．建筑三维点云模型（图7-17、图7-18）

图7-17　龙舟亭三维点云模型透视图（1）

图7-18　龙舟亭三维点云模型透视图（2）

5. 建筑测绘图（图7-19~图7-23）

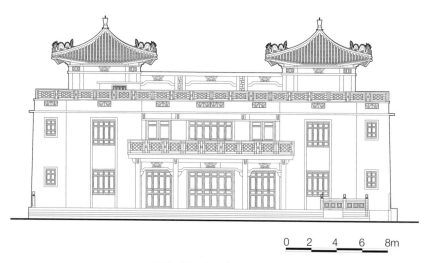

0 2 4 6 8m

图7-19 龙舟亭正立面图

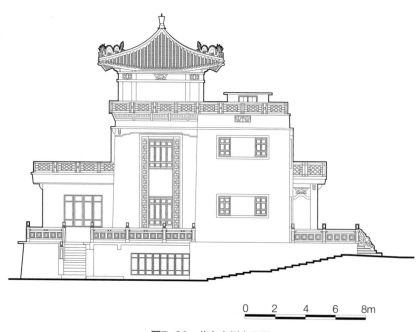

0 2 4 6 8m

图7-20 龙舟亭侧立面图

数字记忆——珠海市历史建筑数字化保护理论与实践

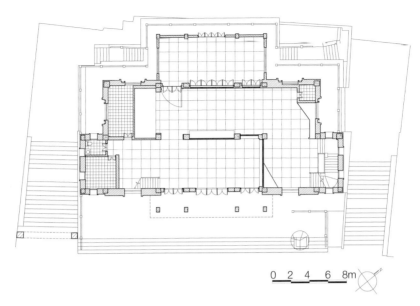

图7-21 龙舟亭首层平面图

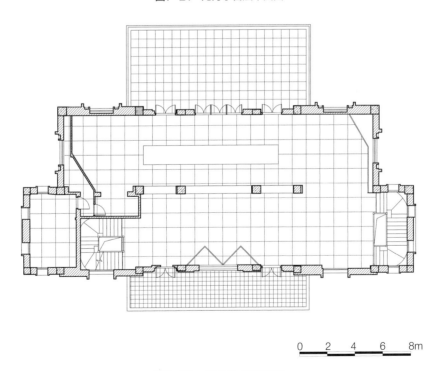

图7-22 龙舟亭二层平面图

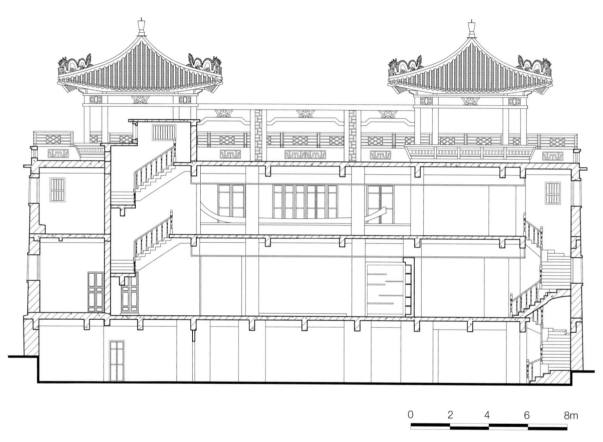

图7-23 龙舟亭剖面图

数字记忆——珠海市历史建筑数字化保护理论与实践

7.3
改革开放时期建筑

1980年，珠海经济特区设立，成为中华人民共和国改革开放的前沿阵地，40余年间，从"只有一条马路一盏路灯的地级市"蜕变成现代化花园式滨海城市。

在40余年的改革开放历程中，珠海敢为天下先，创造了近两百个中国第一，包括中国最早的补偿贸易企业香洲毛纺厂、中国第一家中外合作企业石景山旅游中心、中国第一届国际航空航天博览会、中国第一家农民度假村白藤湖农民度假村等。这些工厂、旅游中心、度假村、办公楼成为珠海经济社会发展的重要物质见证，既是珠海的地标，又是珠海重要的建筑遗产。

在珠海第一批历史建筑名单中，共有2处改革开放时期的代表性建筑，分别是珠海宾馆与拱北宾馆。

7.3.1　珠海宾馆

建筑编号	ZH_01_0023
建筑名称	珠海宾馆
建筑地址	香洲区吉大街道景山社区景山路
建筑年代	1983年
建筑面积	457m^2（历史建筑保护范围）
占地面积	457m^2（历史建筑保护范围）
建筑结构	钢筋混凝土框架结构

1．建筑简介

珠海宾馆是改革开放初期建设的一座具有岭南园林建筑风格的四星级酒店，具有历史上的地理标志性，是重要历史事件的实物载体，见证了珠海改革开放的光辉历程。

珠海宾馆现状保存情况较好，为现代建筑，钢混结构，平面为合院式布局。宾馆建筑高1层，局部2层，建筑整体为现代建筑风格，局部檐口与屋顶设有仿古小批檐和仿古坡屋面，使用黄色琉璃瓦。宾馆内庭为水庭，中有游廊相隔，西侧水庭中设有高一层的"L"形会议厅（原翠城餐厅），1984年邓小平南方视察时曾到访此处。会议厅主体空间为抹角矩形，钢混结构，檐口设仿古样式批檐，整体挑出于水面，取岭南传统园林中的船厅意象。

2."珠海经济特区好"

1984年1月26-29日，时任中共中央政治局常委、中央顾问委员会主任的邓小平同志在时任中央政治局委员的王震、杨尚昆、中央顾问委员会委员刘田夫、广东省省长梁灵光、珠海市领导吴健民、梁广大等人陪同下，视察了新建不久的九洲港、香洲毛纺厂、九洲直升机场、石景山国际旅游中心、珠海宾馆等设施和企业，并在视察的最后一天到访珠海宾馆，在翠城餐厅欣然命笔题词："珠海经济特区好"。

3. 建筑现状照片（图7-24、图7-25）

图7-24　珠海宾馆建筑鸟瞰

图7-25　珠海宾馆建筑外观

4. 建筑三维点云模型（图7-26）

图7-26　珠海宾馆三维点云模型透视图

5. 建筑测绘图（图7-27~图7-30）

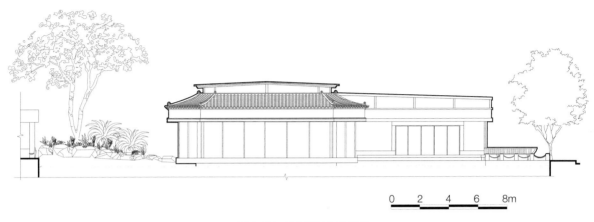

0 2 4 6 8m

图7-27　珠海宾馆正立面图

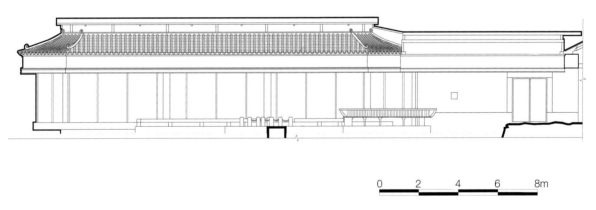

0 2 4 6 8m

图7-28　珠海宾馆侧立面图

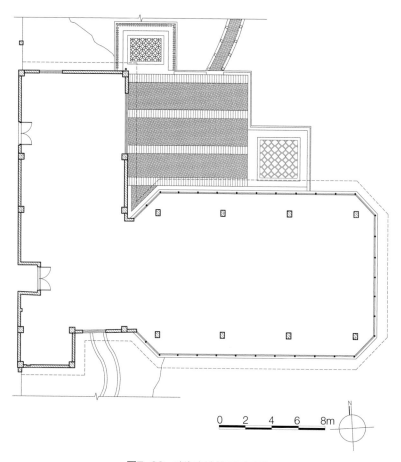

图7-29 珠海宾馆首层平面图

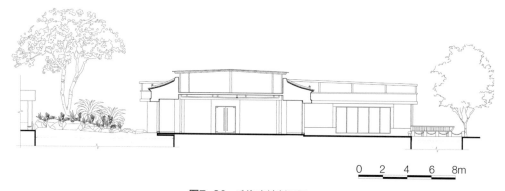

图7-30 珠海宾馆剖面图

7.3.2 拱北宾馆

建筑编号　　ZH_01_0022
建筑名称　　拱北宾馆
建筑地址　　香洲区拱北街道水湾路21号
建筑年代　　1983年
建筑面积　　12393m²
占地面积　　4131m²
建筑结构　　钢筋混凝土框架结构

1. 建筑简介

拱北宾馆位于香洲区拱北海边区水湾路，修建于1983年，宾馆主楼采用仿古建筑风格设计，充满浓厚的中国风情，具有历史上的地理标志性，见证了珠海改革开放的光辉历程。

拱北宾馆规模较大，平面为合院式布局，分为东、南、西、北4座。宾馆入口位于建筑群西侧，设有宾馆大堂、餐厅等功能空间，建筑高3层，二、三层设计为仿古楼阁样式，使用黄色琉璃瓦屋面，形象醒目。宾馆南座高2层，面向内庭院设通面阔玻璃幕墙，建筑屋顶并排设有3个四角攒尖顶仿古屋面，使用黄色琉璃瓦，室内为餐厅等商业空间。宾馆西座高3层，为宾馆客房部。宾馆北座高4层，一层为对外商铺，二层以上为宾馆客房。各建筑檐口及楼梯间屋面均设置仿古样式的小批檐和四角攒尖顶仿古屋面，与宾馆入口仿古楼阁风格统一、遥相呼应。宾馆内庭院为水庭，水面宽阔，设有游廊与一座现代建筑风格的八角水榭。

拱北宾馆现状保存情况较好。

2. 建筑现状照片（图7-31~图7-33）

图7-31　拱北宾馆建筑外观

图7-32　拱北宾馆仿古楼阁

图7-33　拱北宾馆建筑室内

3. 建筑三维点云模型（图7-34）

图7-34　拱北宾馆三维点云模型透视图

4. 建筑测绘图（图7-35~图7-38）

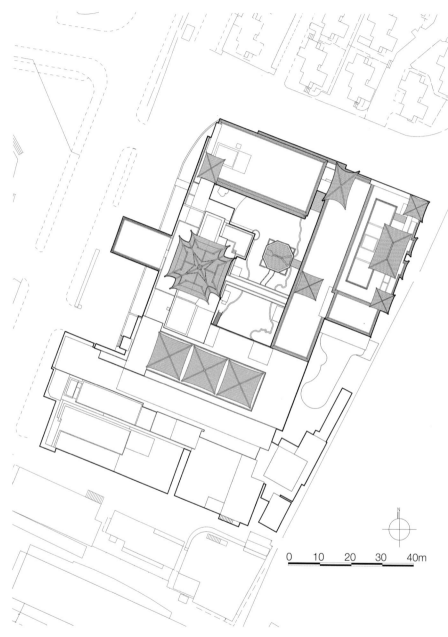

图7-35　拱北宾馆总平面图

数字记忆——珠海市历史建筑数字化保护理论与实践

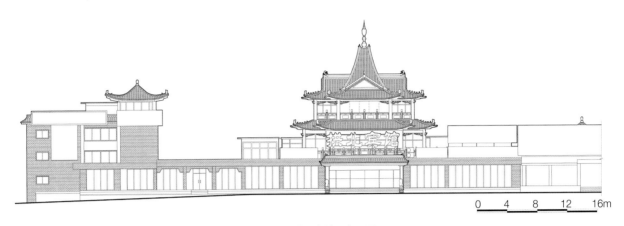

图7-36　拱北宾馆正立面图

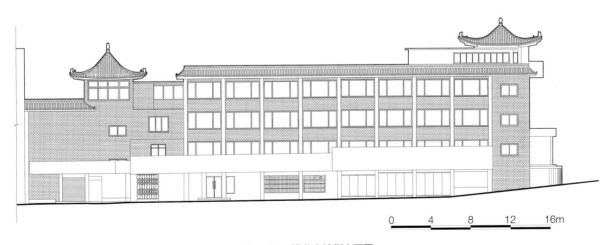

图7-37　拱北宾馆侧立面图

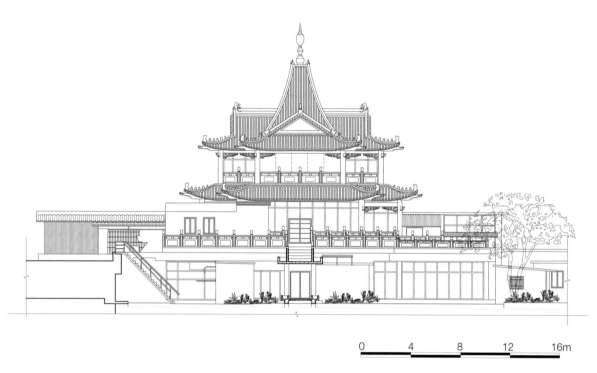

图7-38 拱北宾馆楼阁背立面图

数字记忆——珠海市历史建筑数字化保护理论与实践

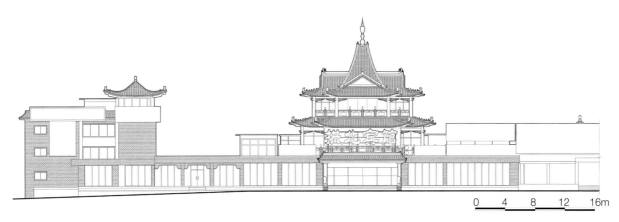

图7-36　拱北宾馆正立面图

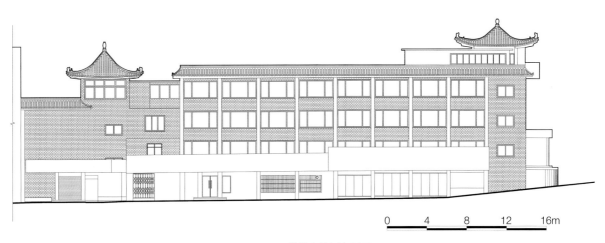

图7-37　拱北宾馆侧立面图

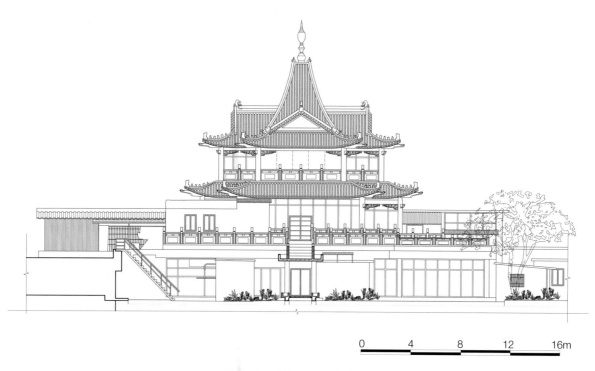

图7-38 拱北宾馆楼阁背立面图

数字记忆——珠海市历史建筑数字化保护理论与实践

参考文献

[1] 江文亚，王一波，庞前聪，杨颐. 数字化新技术在历史建筑保护中的实践与探索[J]. 城乡规划（城市地理学术版），2016（A01）：57-63.

[2] 江文亚. 浅谈历史建筑数字化保护经验——以珠海市为例[J]. 城市地理+城乡规划，2018（003）：70-77.

[3] 杨颐，邹姗. 历史地段保护性改造中数字化勘查技术应用研究——基于珠江三角洲地区的实践[J]. 建筑学报，2016（12）：22-27.

[4] 杨颐. "精度"与"精密度"：建筑改造设计中的测绘精度问题[J]. 装饰，2020（01）：142-143.

[5] 张智敏. 三维扫描技术与传统测绘技术在古建测绘教学中的运用探讨[J]. 中国建筑教育，2015（001）：49-55.

[6] 崔岩. 球幕相机对大型建筑物及场景的三维数字化及其展示手段[J]. 东南文化，2016（S1）：67-70.

[7] 李婧. 中国建筑遗产测绘史研究[D]. 天津：天津大学，2015.

[8] 宋雪. 英国建筑遗产记录及其规范化研究[D]. 天津：天津大学，2008.

[9] 梁哲. 中国建筑遗产信息管理相关问题初探[D]. 天津：天津大学，2007.

[10] 广东历代方志集成[M]. 广州：岭南美术出版社，2008.

[11] 国家测绘局测绘标准化研究所. 测绘基本术语GB/T 14911-2008 [S]. 北京：全国地理信息标准化技术委员会，2008.

[12] 中国有色金属工业协会. 工程测量规范GB 50026-2007[S]. 北京：中华人民共和国建设部，2008.

[13] 中国建筑标准设计研究院有限公司等. 房屋建筑制图统一标准GB/T 50001-2017 [S]. 北京：中华人民共和国住房和城乡建设部，2017.

[14] 中华人民共和国住房和城乡建设部. 建筑制图标准GB/T 50104-2010 [S]. 北京：中华人民共和国住房和城乡建设部，2010.

[15] 广州市城市规划勘测设计研究院等. 古建筑测绘规范CH/T 6005-2018 [S]. 北京：国家测绘地理信息局，2018.

[16] 北京市测绘设计研究院等. 地面三维激光扫描作业技术规程CH/Z 3017-2015 [S]. 北京：国家测绘地理信息局，2015.

[17] 中国测绘科学研究院等. 低空数字航空摄影测量外业规范CH/Z CH/Z 3004-2010 [S]. 北京：国家测绘局，2010.

[18] 广州市规划和自然资源局等. 广东省历史建筑数字化技术规范DBJ/T 15-194-2020 [S]. 广州：广东省住房和城乡建设厅，2020.

[19] 广州市规划和自然资源局等. 广东省历史建筑数字化成果标准DBJ/T 15-195-2020 [S]. 广州：广东省住房和城乡建设厅，2020.